PM2.5 WURAN FANGZHI ZHISHI WENDA

PM2.5污染防治知识问答

环境保护部科技标准司
中国环境科学学会 主编

中国环境出版社 · 北京

图书在版编目（CIP）数据

PM$_{2.5}$ 污染防治知识问答 / 环境保护部科技标准司、中国环境科学学会主编 . — 北京 : 中国环境出版社 , 2013.3（2015.6 重印）
（环保科普丛书）
ISBN 978-7-5111-1357-3

Ⅰ . ① p… Ⅱ . ①环… Ⅲ . ①环境空气质量－空气污染－污染防治－问题解答 Ⅳ . ① X-651

中国版本图书馆 CIP 数据核字 (2013) 第 038701 号

出 版 人 王新程
责任编辑 沈 建
责任校对 尹 芳
装帧设计 金 喆

出版发行 中国环境出版社
（100062 北京市东城区广渠门内大街 16 号）
网 址：http://www.cesp.com.cn
电子邮箱：bjgl@cesp.com.cn
联系电话：010-67112765（编辑管理部）
发行热线：010-67125803，010-67113405（传真）
印 刷 北京中科印刷有限公司
经 销 各地新华书店
版 次 2013 年 3 月第 1 版
印 次 2015 年 6 月第 3 次印刷
开 本 880×1230 1/32
印 张 4
字 数 70 千字
定 价 20.00 元

环保科普丛书编著委员会

《$PM_{2.5}$污染防治知识问答》编委会

科学顾问：郝吉明　唐孝炎　庄德安

主　　编：张远航　柴发合

副 主 编：陈永梅

编　　委：（按姓氏首字母排序）

鲍晓峰　柴发合　陈　胜　陈永梅　段凤魁

高　健　高　翔　郭新彪　韩斌杰　贺克斌

胡　敏　李　凯　卢佳新　马永亮　王跃思

王自发　杨　勇　易　斌　禹　军　岳　涛

岳　欣　张　弛　张鹤丰　张静蓉　张涌新

张远航　左朋莱

编写单位：中国环境科学学会

中国环境科学学会大气分会

中国环境科学研究院

清华大学环境学院

北京大学环境科学与工程学院

中国科学院大气物理所

北京市劳动保护科学研究所

浙江大学国家环境保护燃煤大气污染控制工程技术中心

序

《环保科普丛书》

我国正处于工业化中后期和城镇化加速发展的阶段，结构型、复合型、压缩型污染逐渐显现，发展中不平衡、不协调、不可持续的问题依然突出，环境保护面临诸多严峻挑战。环保是发展问题，也是重大的民生问题。喝上干净的水，呼吸上新鲜的空气，吃上放心的食品，在优美宜居的环境中生产生活，已成为人民群众享受社会发展和环境民生的基本要求。由于公众获取环保知识的渠道相对匮乏，加之片面性知识和观点的传播，导致了一些重大环境问题出现时，往往伴随着公众对事实真相的疑惑甚至误解，引起了不必要的社会矛盾。这既反映出公众环保意识的提高，同时也对我国环保科普工作提出了更高要求。

当前，是我国深入贯彻落实科学发展观、全面建成小康社会、加快经济发展方式转变、解决突出资源环境问题的重要战略机遇期。大力加强环保科普工作，提升公众科学素质，营造有利于环境保护的人文环境，增强公众获取和运用环境科技知识的能力，把保护环境的意识转化为自觉行动，是环境保护优化经济发展的必然要求，对于推进生态文明建设，积极探索环保新道路，实现环境保护目标具有重要意义。

国务院《全民科学素质行动计划纲要》明确提出要大力提升公众的科学素质，为保障和改善民生、促进经济长期平稳快速发展和社会和谐提供重要基础支撑，其中在实施科普资源开发与共享工程方面，要求我们要繁荣科普创作，推出更多思想性、群众性、艺术性、观赏性相统一，人民群众喜闻乐见的优秀科普作品。

环境保护部科技标准司组织编撰的《环保科普丛书》正是基于这样的时机和需求推出的。丛书覆盖了同人民群众生活与健康息息相关的水、气、声、固废、辐射等环境保护重点领域，以通俗易懂的语言，配以大量故事化、生活化的插图，使整套丛书集科学性、通俗性、趣味性、艺术性于一体，准确生动、深入浅出地向公众传播环保科普知识，可提高公众的环保意识和科学素质水平，激发公众参与环境保护的热情。

我们一直强调科技工作包括创新科学技术和普及科学技术这两个相辅相成的重要方面，科技成果只有为全社会所掌握、所应用，才能发挥出推动社会发展进步的最大力量和最大效用。我们一直呼吁广大科技工作者大力普及科学技术知识，积极为提高全民科学素质作出贡献。现在，我欣喜地看到，广大科技工作者正积极投身到环保科普创作工作中来，以严谨的精神和积极的态度开展科普创作，打造精品环保科普系列图书。我衷心希望我国的环保科普创作不断取得更大成绩。

吴晓青

中华人民共和国环境保护部副部长

二〇一二年七月

前言

“十一五”以来，我国的大气污染防治工作取得了积极进展。2012 年 2 月，新的《环境空气质量标准》正式发布，实现了与世界卫生组织（WHO）第一阶段目标值接轨。2012 年 9 月，国务院正式批复《重点区域大气污染防治“十二五”规划》，对全国大气污染防治工作进行了全面部署，标志着我国大气污染防治工作开始由“以污染控制为目标导向”向“以改善环境质量为目标导向”的历史性转变。

我国大气环境污染防治形势十分严峻。随着我国经济社会快速发展，经济发展模式粗放、能源消费居高不下、城市化进程持续推进，在传统煤烟型污染尚未得到根本解决的情况下，以细颗粒物（$PM_{2.5}$）和臭氧（O_3）为主要污染物的雾霾和光化学烟雾等复合型污染又接踵而至，引起了公众的广泛关注。$PM_{2.5}$ 来源复杂，既有燃煤、机动车、工业生产、扬尘等直接排放的细颗粒物，也有空气中二氧化硫、氮氧化物、氨和挥发性有机物经过复杂的化学反应转化生成的二次细颗粒。可以说，$PM_{2.5}$ 污染是我国当前环境形势呈结构型、复合型、压缩型特征的最具代表性的问题之一。

我国目前正处于全面建成小康社会的关键时期，我们应切实贯彻落实党的十八大提出的战略目标、加强生态文明建设，以环境保护优化社会经济发展；要正确认识当前大气污染防治形势，充分理解改善大气环境质量的艰巨性、复杂性与长期性，做好打持久战的思想准备；要转变发展方式，加快产业和能源结构调整，实施多污染物协同控制，强化多污染源综合管理，开展大气污染区域联防联控。

针对大气环境质量改善、$PM_{2.5}$ 防控等方面的技术方法、措施和手段等已经开展了大量的研究，并产出了一批重要成果，但目前尚缺乏较为系统的、面向公众的环保科普书籍。解决大气污染问题与每个公民的切身利益息息相关，需要公众的积极参与，并把节能减排理念切实贯彻到日常生活中。《$PM_{2.5}$ 污染防治知识问答》一书，力求通过通俗易懂的语言，以图文并茂的形式向公众客观、科学地介绍 $PM_{2.5}$ 污染防治等相关科学知识，希望能为公众了解、学习和主动参与 $PM_{2.5}$ 防治提供一个有效途径。

在本书的编写过程中，中国环境科学学会大气分会、中国环境科学研究院、清华大学环境学院、北京大学环境科学与工程学院、中国科学院大气物理所、北京市劳动保护科学研究所、浙江大学国家环境保护燃煤大气污染控制工程技术中心委派专家参与了本书的编写工作，在此一并感谢！

编者

二〇一三年二月

目录

第一部分 基本知识 1

第二部分 $PM_{2.5}$的来源、成因、转化 21

第三部分 $PM_{2.5}$的危害及环境影响 43

$PM_{2.5}$WURAN FANGZHI ZHISHI WENDA

$PM_{2.5}$ 污染防治知识问答

第一部分　基本知识

1. 大气包含哪些组分?

大气就是我们通常俗称的空气，是指笼罩在地球外表面的一层气体，绝大部分集中在距地面1 000 km（千米）的高度。其中，与我们人类及其他生物关系最为紧密的底层大气称为对流层，其厚度约10 km。

底层大气由干洁空气、水汽和杂质（污染物）三部分组成。干洁空气是一种混合气体，主要成分有氮气（N_2）、氧气（O_2）、二氧化碳（CO_2）、惰性气体（氦气、氖气、氩气）以及少量甲烷（CH_4）、氢气（H_2）等。其中氮气和氧气是最主要的成分，其体积浓度分别占大气总体积的比例为：氮气78.03%、氧气20.94%、惰性气体0.93%、其他气体所占比例约为0.10%。大气环境质量关注的污染物包括气态污染物和颗粒物。气态污染物主要包括二氧化硫（SO_2）、氮氧化物（NO_x）、一氧化碳（CO）、臭氧（O_3）、甲烷（CH_4）、氨（NH_3）以及挥发性有机物（VOCs）等；颗粒物是包括悬浮在空气中的尘埃、烟尘、盐粒、水滴、冰晶、花粉、孢子、细菌等固体和液体的微粒。

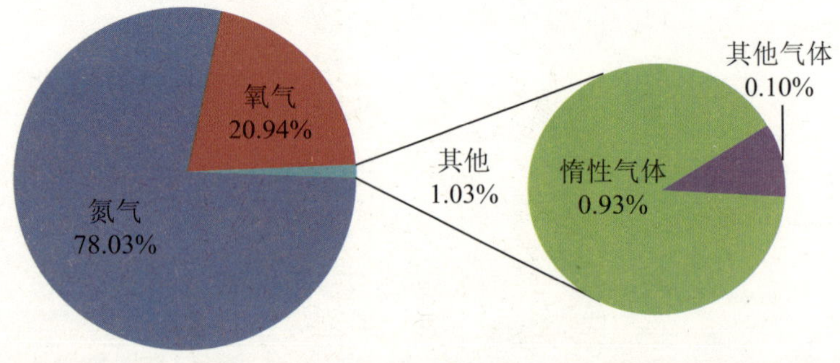

空气的组成

2. 什么是大气污染？

所谓大气污染，是指向大气中直接排放的污染物或者由这些污染物转化形成的二次污染物的浓度达到了有害程度的现象。人类活动及自然界都不断向大气排放各种各样的物质，当大气中某种物质的浓度超过了正常的水平，并在大气中停留足够长的时间，进而对人体健康、生态系统或其他环境要素（如气候、水体）产生不良效应时，就构成了大气污染。大气污染的形成及危害程度，不仅是以空气中是否存在某种有害物质来衡量，还需考虑其作用的浓度和时间等因素。

3. 大气里有哪些主要污染物？

目前已认识到的、在环境中已产生和正在产生影响的主要大气污染物种类很多，主要包括含硫化合物（SO_2、H_2S等）、含氮化合物（NO、NO_2、NH_3 等）、含碳化合物（CO、VOCs 等）、光化学氧化剂（O_3、H_2O_2等）、含卤素化合物（HCl、HF 等）、颗粒物、持久性有机污染物、放射性物质等 8 类。将这些大气污染物按其物理状态分类，可分为气态污染物（如 SO_2、NO）和颗粒物两大类；若按形成过程分，则可分为一次污染物和二次污染物。

所谓一次污染物，是指直接从污染源排放的污染物质，如一氧化碳、二氧化硫等。二次污染物则是指由一次污染物经化学反应或光化学反应形成的污染物，如臭氧、硫酸盐、硝酸盐、有机颗粒物等。值得注意的是，二氧化碳以前不被认为是空气污染物，但鉴于其对气候变化的重要影响，一些国家已经把二氧化碳作为大气污染物对待。我国 2012 年颁布的《环境空气质量标准》中所规定的大气污染物包括：二氧化硫、总悬浮颗粒物（TSP）、颗粒物 PM_{10}、细颗粒物 $PM_{2.5}$、氮氧化物、一氧化碳、臭氧、铅（Pb）、苯并[α]芘、氟化物、氰化物等。

4. 大气污染物是如何传输和扩散的？

进入大气中的污染物，受大气水平运动以及大气的各种不同程度的扰动运动的影响，会形成不同程度的输送。

大气的水平运动称为风。风对污染物的扩散有两个作用：一是整体的输送作用，二是冲淡稀释作用。风向决定污染物迁移运动的方向，风速决定污染物的迁移速度。污染物总是由上风方被输送到下风方。在污染源下风向，污染要重一些；风速越大，单位时间内污染物混合的清洁空气量越大，冲淡稀释作用就越好。一般来说，大气中污染物浓度与污染物的总排放量呈正相关，而与风速则呈负相关。

在一些特殊的天气条件下，一个地区排放的污染物可能随着上升气流进入高空，并在高空中随着气团较快地传输，结果可能会在距离污染源很远的地方又随着下沉气团降到地表附近，导致了区域间的污染物传输。例如在一些特殊气象条件下，亚洲的沙尘可能传输到北美甚至欧洲地区。

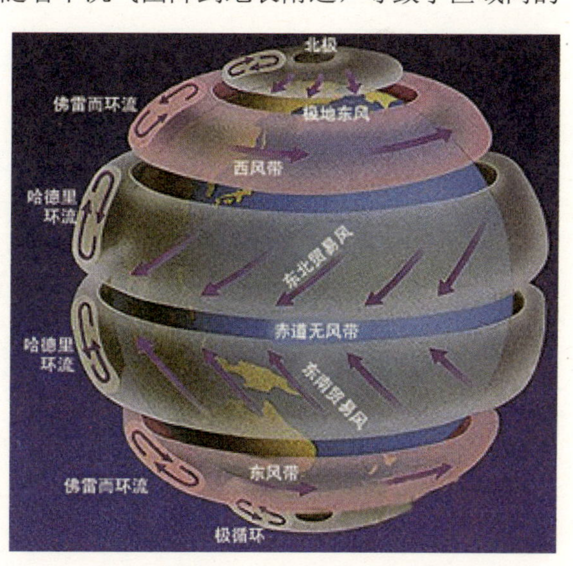

污染物的传输使得一个地区的大气污染在更大的时间和空间尺度上产生危害，甚至南极和北极的动物也受到了大气污染的影响。

目前所关注的沙尘暴、$PM_{2.5}$（细颗粒物）、酸雨等都是由大气污染物在大气中的输送造成的区域性污染。

5. 什么是逆温现象？

在底层大气，大气温度随着高度增加而下降，每上升 100m（米），温度降低 0.6℃左右。也就是说，在数千米以下，一般是低层大气温度高、密度小，高层大气温度低、密度大。这种大气层结构容易发生上下对流运动，可将近地面层的污染物向高空和远距离输送、扩散，从而使地面上空污染程度减轻。在某些天气条件下，地面上空的大气结构会出现气温随高度增加而升高的反常现象，称为“逆温”，发生逆温现象的大气层称为逆温层。逆温层像一层厚厚的被子罩在上空，使上下层空气不流动，近地面层大气污染物“无路可走”，越积越多，空气污染就越来越重。

6. 什么是天气系统？

天气系统是指具有一定的温度、气压、风等气象要素空间结构特征的大气运动系统。如有的以空间气压分布为特征组成高压、低压、高压脊、低压槽等；有的则以风的分布特征来分，如气旋、反气旋、切变线等；有的又以温度分布特征来确定，如锋；还有的以某些天气特征来分，如雷暴、热带云团等。通常构成天气系统的气压、风、温度及气象要素之间都有一定的配置关系。大气中各种天气系统的空间范围是不同的，水平尺度可从几千米到 1 000 ～ 2 000 千米。其生命史也不同，从几小时到几天都有。

由于大大小小的天气系统相互交织、相互作用，有时天气系统容易造成大气污染，有时又有利于大气污染物转移，所以谈大气污染时往往离不开天气系统。一般情况下，在风小、湿润、逆温等气象条件下，容易出现重污染天气。在污染物排放总量变化不大的情况下，不利的气象条件是重污染形成的主导因素。

7. 什么是大气能见度？

能见度是指物体能被肉眼看到的最大的水平距离，也指物体在一定距离时被肉眼看到的清晰程度。所谓“能见”，在白天是指能看到和辨认出目标物的轮廓和形体；在夜间是指能清楚看到目标灯的发光点。在空气特别干净的北极或是山区，能见度能够达到70～100千米，然而能见度通常由于水汽、大气污染物而有所降低。例如，有大雾和霾时能见度可降至零，会对交通运输带来极大不利影响。

8. 雾和霾有什么区别？

雾（Fog）和霾（Haze）是两个不同的概念。雾是由大量悬浮在近地面空气中的微小水滴或冰晶组成的、低能见度的自然现象，是近地面的空气中水汽凝结（或凝华）的产物。霾是由空气中悬浮着大量的颗粒物所导致的水平能见度降低到 10 千米以下的一种混浊现象。雾和霾都是一种天气现象。

通常情况下，在气象上雾和霾是通过相对湿度来区分的，相对湿度高于 90% 时的低能见度现象称为雾，相对湿度低于 80% 时发生的低能见度现象称为霾，相对湿度介于两者之间的是雾和霾共同作用的结果。事实上，雾和霾之间并不总是存在一个截然分明的界限，雾和霾往往是你中有我、我中有你，很难简单地用某个相对湿度值将其严格区分开。即使是一些相对湿度高于 90% 的大雾天气，也不能完全排除人为污染的因素。

由于雾是由水滴或者冰晶组成的，虽然影响能见度，但对健康影响不大。近年来所发生的霾主要与化学成分复杂的 $PM_{2.5}$ 有关，对人体健康有害。

9. 什么是大气环境质量？

大气环境质量是指大气环境总体或某种大气污染物对人群健康、生存繁衍以及社会经济发展适宜程度的量化表述，其方式是用大气污

染物浓度水平来表征大气环境的好坏。大气环境质量的要素主要包括气态污染物和颗粒物两类。但是只有浓度水平也无法定义大气环境质量的好坏，所以产生了大气环境质量标准，对不同功能区的大气环境含有有害物质或因素的限值作统一规定。我国《环境空气质量标准》（GB 3095—2012）规定的环境空气污染物基本项目有：二氧化硫、二氧化氮、一氧化碳、臭氧、PM_{10} 和 $PM_{2.5}$ 等。

10. 什么是大气环境容量？

大气环境容量是指在满足大气环境目标值（能维持生态平衡并且不超过人体健康要求的阈值）的条件下，某区域大气环境所能承纳污染物的最大能力，或所能允许排放的污染物的总量。其大小取决于该区域内大气环境的自净能力以及自净介质的总量。若超过了容量的阈值，大气环境就不能发挥其正常的功能或用途，生态的良性循环、人群健康及物质财产将受到损害。

确定大气环境体系中环境容量的大小在大气污染控制规划中有重要的作用，不仅可以指导环境污染治理中实现大气污染物总量控制的目标，为制定区域大气环境质量标准提供重要的依据，还可以根据环境体系的实际情况，合理利用大气环境容量资源，促进社会经济的可持续发展。

11. 什么是大气复合污染？

大气复合污染是指大气中由多种来源的污染物，在一定的大气条件下（如温度、湿度、风速、阳光等），发生多种界面间的相互作用、彼此耦合构成的复杂大气污染体系。其主要表现为大气氧化性物种 [如细颗粒物（$PM_{2.5}$）和臭氧] 浓度增高、大气能见度显著下降和大气环境恶化趋势向整个区域蔓延。这里的“复合”具有三层含义：一是指煤烟型污染与日益恶化的机动车排气污染及其他污染叠加；二是指在大气中污染物各类反应机制的耦合；三是指局地污染与区域污染的相互作用。

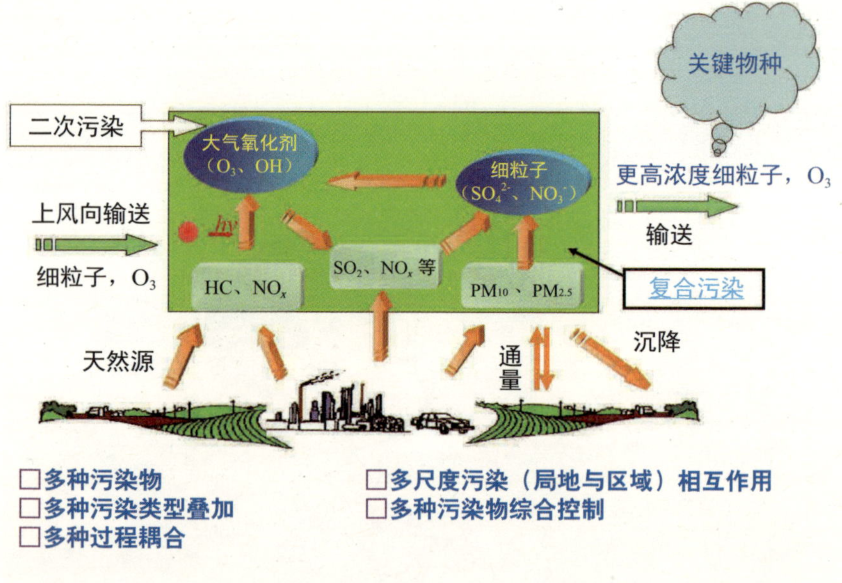

复合型大气污染的机制和特征

随着城市化、工业化、区域经济一体化进程的加快，我国大气污染正从单一的空气污染类型（如煤烟型污染、机动车污染、石油化工污染）向复合型大气污染转变，部分地区出现区域范围的空气重污染现象，如京津冀、长三角、珠三角以及其他部分城市群已表现出明显的区域大气复合污染特征，严重制约区域社会经济的可持续发展，损害公众的身体健康。

12. 什么是大气环境质量基准和环境空气质量标准？

大气环境质量基准是指大气环境中污染物对特定对象（人或其他生物等）不产生不良或有害影响的最大剂量（无作用剂量）或浓度。大气环境质量基准是由污染物同特定对象之间的剂量—反应关系确定的。

环境空气质量标准是国家为保护人群健康和生存环境，对大气污染物（或有害因素）允许含量（或要求）所作的规定。环境空气质量标准体现国家的环境保护政策和要求，是衡量环境是否受到污染的尺度，是环境规划、环境管理和制定污染物排放标准的依据。环境空气质量标准考虑社会、经济、技术等因素，经过综合分析制定，由国家行政主管部门颁布，具有法律的强制性。

大气环境质量基准与环境空气质量标准有密切的关系。大气环境质量基准是制定环境空气质量标准的科学基础。环境空气质量标准规定的污染物容许剂量或浓度限值原则上应小于或等于相应的基准值。但由于社会、经济、技术等因素的限制，各国实际实施的环境空气质量标准对某些污染物的限值会大于相应的基准值。

13. 什么是 API？什么是 AQI？

空气污染指数（Air Pollution Index，API）是用于评估空气质量状况的无量纲指数，可以直观地评价大气环境质量状况并指导空气污染的控制和管理。API 是将常规监测的几种空气污染物浓度简化成为单一的概念性指数值形式，并分级表征空气污染程度和空气质量状况，根据空气环境质量标准和各项污染物的生态环境效应及其对人体健康的影响来确定污染指数的分级数值及相应的污染物浓度限值，适合于表示城市的短期空气质量状况和变化趋势。API 划分为 0 ～ 50、

51 ～ 100、101 ～ 150、151 ～ 200、201 ～ 300 和大于 300 六挡，对应于空气质量的六个级别。指数越大、级别越高，说明污染越严重，对人体健康的影响也越明显。

空气质量指数（Air Quality Index，AQI）也是定量描述空气质量状况的无量纲指数，分为 0 ～ 50、51 ～ 100、101 ～ 150、151 ～ 200、201 ～ 300 和大于 300 六挡，相对应空气质量的六个类别。指数越大、级别越高，说明污染越严重，对人体的健康危害也就越大。

AQI 与我国原来发布的 API 有较大区别。AQI 分级计算参考的标准是新的《环境空气质量标准》（GB 3095—2012），参与评价的污染物为二氧化硫、二氧化氮、PM_{10}、$PM_{2.5}$、臭氧、一氧化碳 6 项；而 API 分级计算参考的标准是老的《环境空气质量标准》（GB 3095—1996），评价的污染物仅为二氧化硫、二氧化氮和 PM_{10} 三项，且 AQI 采用分级限制标准更全面。因此 AQI 较 API 监测的污染物指标更多，其评价结果更加客观、全面。

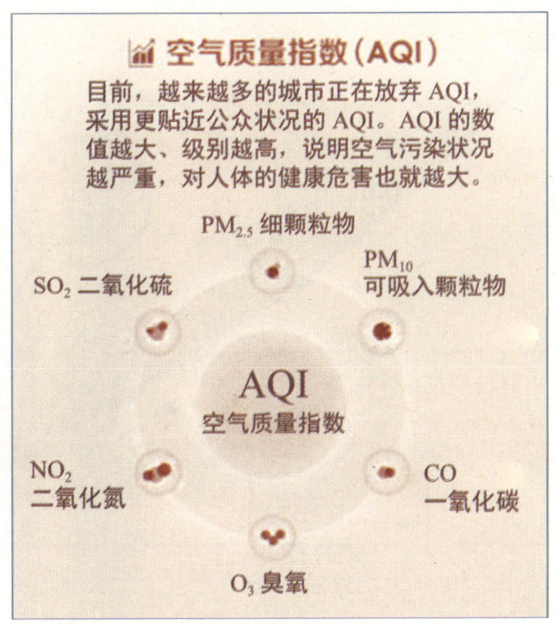

14. 什么是 TSP、PM_{10}、$PM_{2.5}$？

大气颗粒物是悬浮在大气中的固体和液体颗粒，粒径范围从几纳米到 100 微米。在衡量颗粒物的标准中，根据颗粒物粒径大小可分为 TSP、PM_{10}、$PM_{2.5}$。

TSP（Total Suspended Particulates，总悬浮颗粒物），是分散在大气中的各种粒子的总称，TSP 浓度是指空气动力学直径小于或等于 100 微米颗粒物（多数在 10 微米以下）的质量浓度，单位为微克 / 米^3（$\mu g/m^3$）。它的来源很复杂，包括燃料燃烧时产生的烟尘、生产加工过程中产生的粉尘、建筑和交通扬尘、风沙扬尘以及气态污染物经过复杂物理化学反应在空气中生成的相应的盐类颗粒。

PM_{10}，也称可吸入颗粒物，是指空气动力学直径小于或等于 10

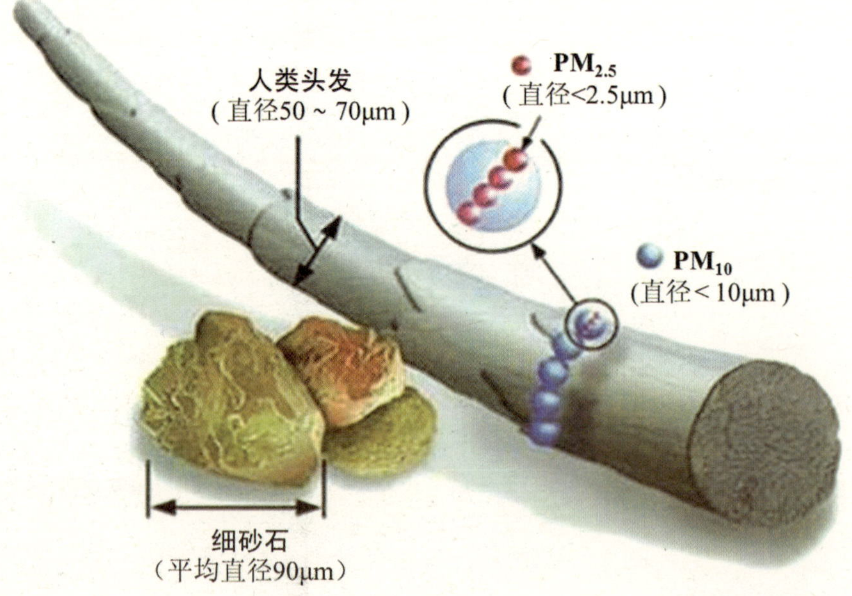

微米的颗粒物，通常用质量浓度表示，单位为μg/m³。由于粒径较小，能被人直接吸入呼吸道并造成健康危害；又由于它能在大气中长期飘浮，易将污染物带到很远的地方，导致污染范围扩大。

$PM_{2.5}$，也称细颗粒物或可入肺颗粒物，是指空气动力学直径小于或等于 2.5 微米的颗粒物。通常用质量浓度表示，单位为μg/m³。$PM_{2.5}$ 粒径小，富含大量的有毒、有害物质且在大气中的停留时间长、输送距离远，因而对人体健康和大气环境质量的影响更大。

TSP 包含 PM_{10} 和 $PM_{2.5}$，PM_{10} 包含 $PM_{2.5}$。

15. 什么是一次颗粒物？什么是二次颗粒物？

大气颗粒物按来源可以分为一次颗粒物和二次颗粒物。一次颗粒物是指从排放源直接排放到大气环境中的液态或固态颗粒物，而且在排放之后颗粒物未发生变化，保持其排放时的原有物理和化学性状。自然界及人为活动都有很多一次颗粒物的排放源，例如，火山喷发、沙尘暴、森林火灾、海洋飞沫等自然源产生的烟尘或液态颗粒物，以及燃煤、机动车、工业生产、日常生活等人为源排放的烟尘、粉尘、扬尘等都是一次颗粒物。二次颗粒物是指由大气中某些气态污染物经过一系列化学转化或物理过程而生成的固态或液态颗粒物，是 $PM_{2.5}$ 的主要来源。例如，气态污染物二氧化硫、氮氧化物、氨气及一些有机物气体，在大气中会发生一系列化学反应，最后生成硫酸盐、硝酸盐、铵盐及有机颗粒物等。二次颗粒物的物化性质及成分组成都有很大的差异，与参与生成二次颗粒物的气态污染物有关。二次颗粒物硫酸铵、硝酸铵等盐是 $PM_{2.5}$ 的主要成分，占 $PM_{2.5}$ 总量的 40% 左右。

对流传输扩散
大气化学反应
污染源排放
NO
NO2
hv
O3
RO2、HO2
VOCs
OH
H2O2
SO2
H2SO4
N2O5
HNO3
NH3
NO3-
NH4+
SO4 2-
二次有机颗粒物
一次颗粒物
二次无机颗粒物

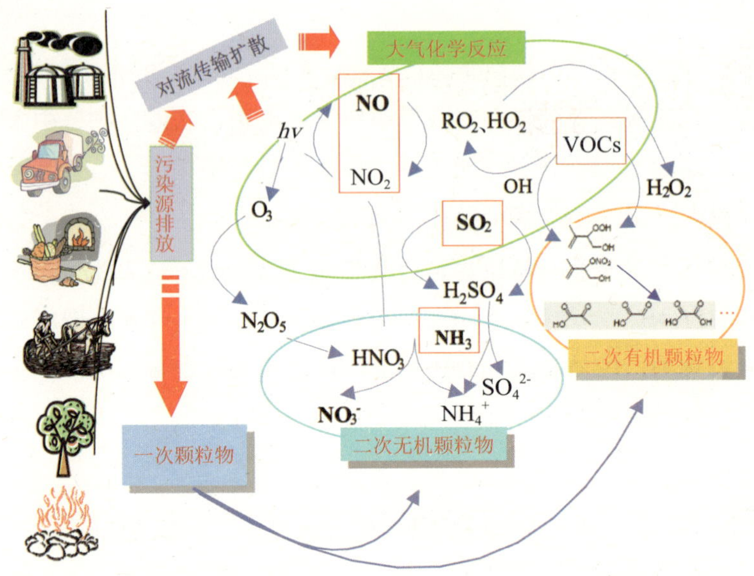

PM2.5来源于哪里?

16. 什么是二次颗粒物的前体物？

二次颗粒物的前体物一般是指在大气中能够通过一步或多步的化学反应最终生成二次颗粒物的气态物质。例如，大气中的二氧化硫分子经过多步化学反应能生成气态的硫酸分子（H_2SO_4），并和空气中的氨分子（NH_3）反应生成颗粒态的硫酸铵分子 [$(NH_4)_2SO_4$]，我们就可以称硫酸铵是二次颗粒物组分，而二氧化硫和氨都是二次颗粒物硫酸铵的前体物。与此相似，氮氧化物（NO_x）在大气中会被氧化成气态硝酸（HNO_3），并与氨反应生成二次颗粒物硝酸铵（NH_4NO_3），氮氧化物也是形成硝酸铵的前体物。气态的二次颗粒物前体物还包括部分挥发性有机物（VOCs），如苯、甲苯、乙二醛、异戊二烯等气态有机物质。它们会通过氧化、聚合成挥发性物质，通过凝结等方式形成二次有机颗粒物。二次颗粒物是 $PM_{2.5}$ 的主要来源之一。

通常情况下，这些二次颗粒物的前体物都是通过一次排放（如工业生产、汽车排放、煤燃烧过程等）进入大气中的。当然，不是所有的一次排放的气态污染物都是二次颗粒物的前体物，最典型的如一氧化碳，其在大气中的化学反应最终的生成物是二氧化碳，不会生成颗粒态物质。

17. 什么是 VOCs ？

VOCs（Volatile Organic Compounds，挥发性有机化合物），通常是指熔点低于室温、沸点在 50~260℃的挥发性有机物。美国则将任何能参加大气光化学反应的有机化合物统称为 VOCs。

VOCs 种类繁多，是大气中重要的化学物质，大气光化学反应的重要“燃料”。其与氮氧化物的反应是造成大气中臭氧等污染物浓度增加以及向二次有机颗粒物转化，最终形成 $PM_{2.5}$ 的重要原因。

VOCs 的来源广泛，主要包括生物圈的自然排放源和人类活动的人为排放源。全球范围内自然源排放量为人为源排放量的 10 倍左右，但在城市等人类活动地区，人为源的影响较大。包括工业生产、交通运输、溶剂涂料使用，石油产品的生产与使用，乃至日常生活都会排放出各种 VOCs 物种，可能对环境产生影响。日常生活中，同样可觅 VOCs 踪迹，家庭装修、餐饮油烟等都会排放大量 VOCs。

VOCs 可直接造成健康危害，如苯、甲醛等是臭名昭著的致癌物。VOCs 也是异味扰民的主要“元凶”，同时也是产生臭氧和 $PM_{2.5}$ 的前体物。

第二部分

$PM_{2.5}$的来源、成因、转化

18. $PM_{2.5}$的主要来源有哪些？

$PM_{2.5}$的来源非常复杂。从形成过程上，可以分为一次来源与二次来源。一次来源又可分为自然源与人为源。自然源在全球范围分布广泛，如火山爆发、森林火灾、飓风、海啸、土壤和岩石的风化及生物腐烂等自然现象所形成的污染源。

人为污染源是指人类生活和生产活动形成的污染源。人为污染源按污染源的空间分布可分为点源和面源。按人们的社会活动功能不同，分为工业污染源、农业污染源、交通运输污染源、生活污染源。根据对大气污染物的分类统计分析，人为大气污染源可概括为三个主要方面：燃料燃烧、工业生产、交通运输。前两类污染源统称为固定源，交通运输工具则称为移动源。

二次来源是指各污染源排出的气态污染物，经过冷凝或复杂的大气化学反应而生成二次细颗粒物。二次细颗粒物又可分为二次无机细颗粒和二次有机细颗粒。前者主要包括硫酸盐、硝酸盐、铵盐，是由二氧化硫、氮氧化物、氨等无机气态前体物经过复杂的大气化学反应过程而形成的。后者含有数千种有机化合物，是由VOCs转化而来的。

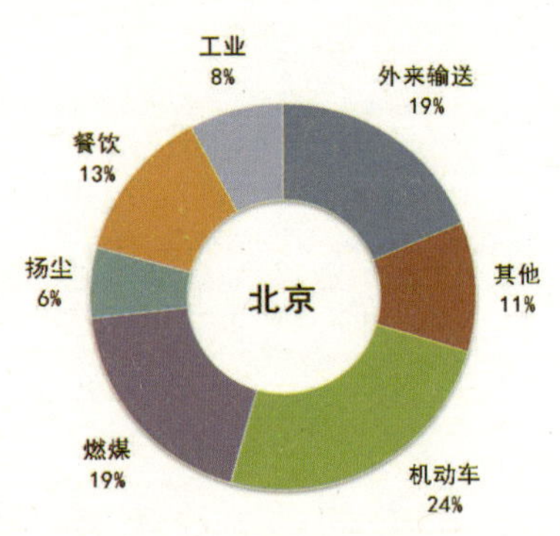

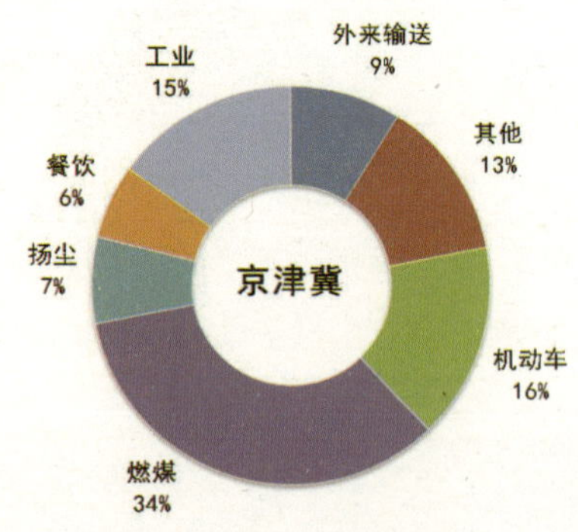

北京和京津冀地区$PM_{2.5}$来源比例

19. PM$_{2.5}$的化学组成有哪些？

PM$_{2.5}$主要由水溶性离子组分、含碳组分以及其他无机化合物三大类化学物质组成。

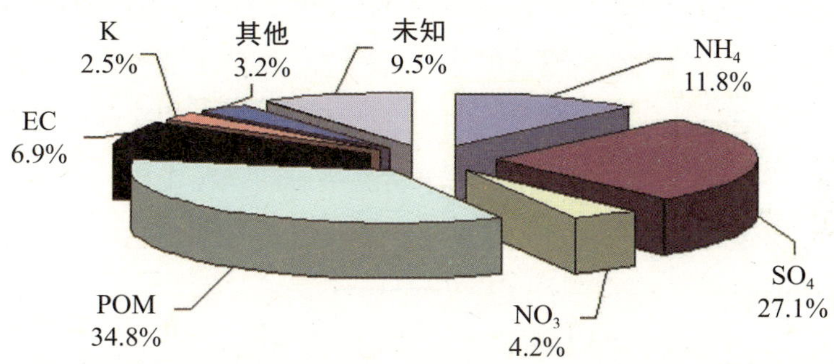

水溶性离子组分主要包括硫酸盐、硝酸盐、铵盐等，一般是二次颗粒物，都可溶于水。在 $PM_{2.5}$ 中主要以硫酸铵、硝酸铵的形式存在；若在颗粒物酸性强的情况下，也可能共存硫酸氢铵。

含碳组分主要包括有机碳、元素碳和无机碳。有机碳含有数千种有机化合物，既有一次源直接排放的一次细颗粒物，又有经 VOCs 转化形成的二次细颗粒物。按分子结构可分为多环芳烃类、正构烷烃类、有机酸及其盐类、醛类、酮类、杂环化合物。元素碳通常被称为黑碳，也是复杂的混合物，主要来自燃烧源的直接排放。它既含有纯碳、石墨碳，也含有高分子量的有机物质，如焦油、焦炭等。无机碳主要指碳酸盐，其在 $PM_{2.5}$ 中的含量通常很低。

无机元素及其化合物主要包括地壳元素和微量元素，现已发现大气颗粒物中的元素多达 70 余种，这些元素均为一次颗粒物。地壳元素如硅、钛、铁、钙、镁等及其化合物，主要来自土壤扬尘、建筑扬尘、道路扬尘等；微量元素如铬、铜、镍、铅、锌、锰、砷、汞等，主要来自化石燃料的燃烧及工业过程。

$PM_{2.5}$ 中含有相当多的有毒有害化学成分，如含碳组分中的多环芳烃，微量元素中的铬、铅、砷、汞等。其中一些甚至具有致癌、致畸、致突变（“三致”）的效应。

20. 不同季节 $PM_{2.5}$ 的浓度变化有什么特征？

$PM_{2.5}$ 浓度水平受污染源排放和气象条件影响，存在明显的季节变化特征。

以北京为例，冬季 $PM_{2.5}$ 的平均浓度最高，秋季与春季次之，夏季平均浓度最低。北京冬季出现最高值的主要原因有两个：一是本地污染物排放浓度高、强度大，包括采暖期燃煤量显著升高，以及由于气温降低使机动车尾气排放增加，导致 $PM_{2.5}$ 及其前体物（二氧化硫、氮氧化物、VOCs 等）的排放量增加；二是气象条件不利于大气污染物扩散，地面逆温频率的增加使污染物在近地层不断累积，导致一次排放和二次转化而成的 $PM_{2.5}$ 在近地面大气中逐渐累积，达到高浓度水平。春季 $PM_{2.5}$ 主要来自北方沙尘的贡献，以及周边地区农田秸秆焚烧的贡献。秋季则由于太阳辐射强，大气氧化性增强，常发生光化学烟雾；同时，大气扩散条件不好使污染物聚集，增大了气态污染物向二次颗粒物转化的机会，从而导致严重的 $PM_{2.5}$ 污染。夏季 $PM_{2.5}$ 的来源，一是随着南方气流的输入，北京周边地区直接排放的污染物（含 $PM_{2.5}$）被传输到北京。同时，在传输过程中，由二次前体物转化形成的二次 $PM_{2.5}$ 也被输送至北京。二是由于大气氧化性增强，本地产生的二次 $PM_{2.5}$ 也较多。然而，夏季较频繁的降雨，有利于 $PM_{2.5}$ 的清除，从而导致夏季 $PM_{2.5}$ 浓度最低。

21. 不同地区的 $PM_{2.5}$ 浓度及组成有什么差别？

我国城市地区 $PM_{2.5}$ 浓度普遍处于较高的水平。$PM_{2.5}$ 浓度随地理位置变化较大，通常北方地区浓度高于南方，在远离人为活动的森林和沿海地区浓度相对较低。

尽管世界范围内组成 $PM_{2.5}$ 的化学组分类似，但不同地区 $PM_{2.5}$ 中各化学组分所占百分比相差很大，特别是有机颗粒物的化学组成差别很大。造成这一差别的最主要原因是各地区排放源的差异，例如城市机动车尾气排放、北方冬季采暖、石油化工集聚区的 VOCs 排放以及钢铁工业集聚区的颗粒物排放都是影响这种区域 $PM_{2.5}$ 组成变化的主要因素。

一般来讲，有机组分与硫酸盐、硝酸盐、铵盐含量高于其他组分。这些组分一般是经过二次转化形成的。来自污染源直接排放的烟尘和粉尘、扬尘与微量元素以及元素碳三类组分，含量则相对较低。重污染天气条件下，在 $PM_{2.5}$ 的组成中，二次组分占 85% ～ 90%。

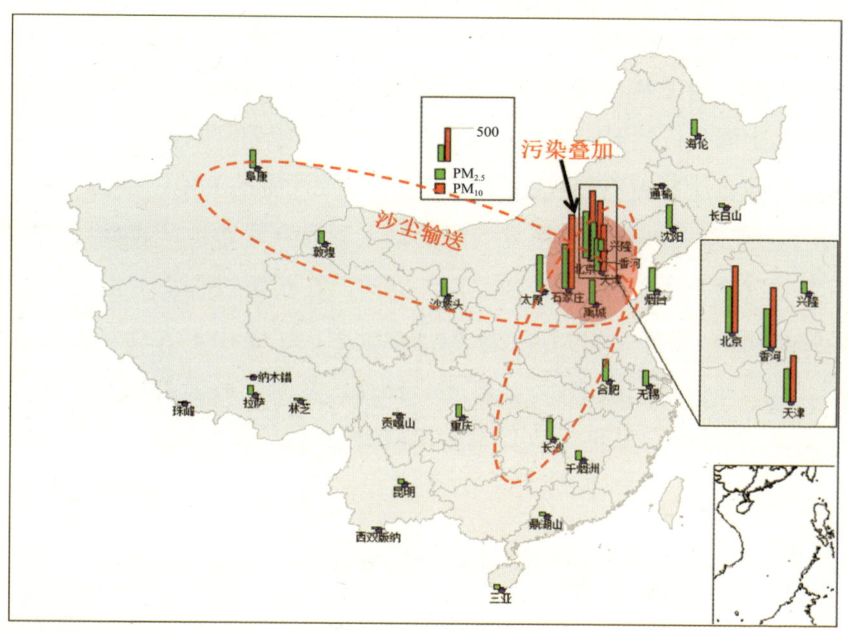

22. 燃煤燃烧对 $PM_{2.5}$ 的贡献主要有哪些？

我国煤炭消费量持续增加，2010 年达 33.86 亿 t，超过全球煤炭消费总量的一半。煤炭是我国最主要的一次能源，火电厂、热电厂、工业锅炉及窑炉等均主要以煤炭作为燃料。燃煤在燃烧过程中会直接或间接地向大气排放 $PM_{2.5}$。燃煤直接排放的颗粒物通常称为烟尘。与其他燃烧过程排放的颗粒物相比，烟尘中常富集着重金属（如砷、硒、铅、铬、汞等）和氟，以及多环芳烃等有机污染物，这些多为致癌和致突变物质，对人体健康危害极大。与电力行业相比，燃煤工业锅炉、建材和冶金等工业炉窑配备的除尘设备效率较低，只能脱除较大粒径的颗粒物，$PM_{2.5}$等细颗粒物往往都会直接排入大气中。另外，还有大量分散的民用燃煤散烧产生的烟气未经任何处理，直接向大气排放污染物。

燃煤也是二氧化硫和氮氧化物等气态污染物的最主要来源。其中，二次细颗粒物中，燃煤对硫酸盐形成的贡献最大，燃煤和机动车排放对硝酸盐形成的贡献最大。

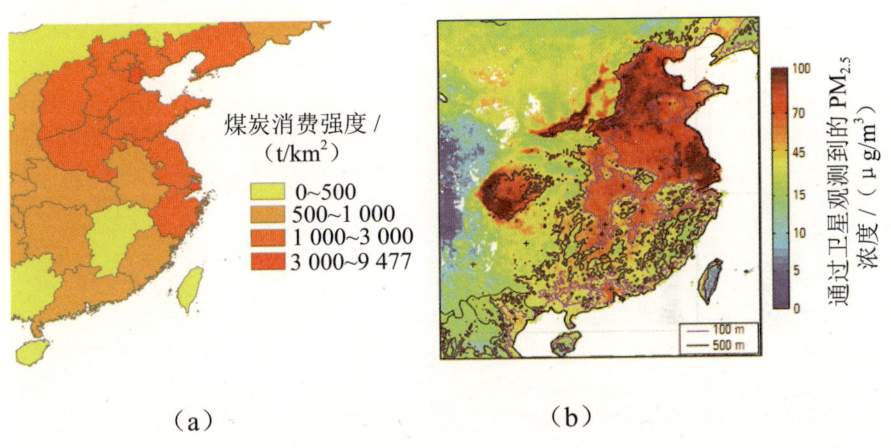

$PM_{2.5}$污染浓度（b）与煤炭消费强度（a）的空间分布基本一致

23. 工业排放对$PM_{2.5}$的贡献有哪些？

工业生产工艺过程排放大气污染物的方式可分为两类：经排气管有组织排放和生产工艺过程中逸散的无组织排放。有组织排放主要指工业窑炉排放。与单纯燃煤以产生热水或蒸汽的工业锅炉不同，工业窑炉中煤炭与原材料往往混合加热以达到使原料加热、反应的目的。窑炉排放的颗粒物中，既有煤炭的贡献，也有原材料的贡献。无组织排放主要包括原料或产品运输、破碎等处理过程中的粉尘排放，以及工业生产工艺中的溶剂挥发等污染物的逸散。

工业生产过程会直接及间接地向环境大气排放 $PM_{2.5}$。$PM_{2.5}$ 的直接排放源中，贡献较大的工业部门主要为冶金、建材、化工，特别是炼焦、钢铁、有色金属、水泥、砖瓦等行业。这些工业源排放 $PM_{2.5}$ 的多少与其工艺技术水平和管理水平密切相关。

工业排放源还是二氧化硫、氮氧化物、挥发性有机化合物（VOCs）等气态污染物的重要排放源。

	2000 年	2010 年	2010/2000	占 2010 年全球总量比例
粗钢产量 / 亿 t	1.29	6.27	4.9	44%
水泥产量 / 亿 t	5.97	18.68	3.1	60%
发电量 /10 亿 kWh	1347	4193	3.1	20%
煤炭消费量 / 亿 t	14.11	31.22	2.1	48%

我国重工业的发展以及能源消耗

24. 机动车等移动源排放污染物对 $PM_{2.5}$ 的贡献有哪些？

机动车大多是以汽油发动机和柴油发动机为动力，这两类发动机均直接排放细颗粒物。汽油机所排放的颗粒物较少，柴油机颗粒物排放量多，是城市 PM$_{2.5}$ 污染的主要排放源之一。发动机排放的颗粒物包括黑碳、有机组分和硫酸盐三类主要组分。除颗粒物外，机动车还排放大量的气态污染物，主要有氮氧化物、碳氢化合物（VOCs 中的一类）、一氧化碳和二氧化硫等。其中二氧化硫、氮氧化物和碳氢化合物都是 PM$_{2.5}$ 的重要前体物。汽车运行中，车轮对地面尘土反复碾压磨碎，使其颗粒越来越小，并被气流卷入大气中，加剧了 PM$_{2.5}$ 的污染。另外，工程机械、农用机械、船舶和飞机等以发动机为动力的移动源，与机动车具有类似的 PM$_{2.5}$ 排放特性，但由于控制水平较低，污染物排放强度更高。

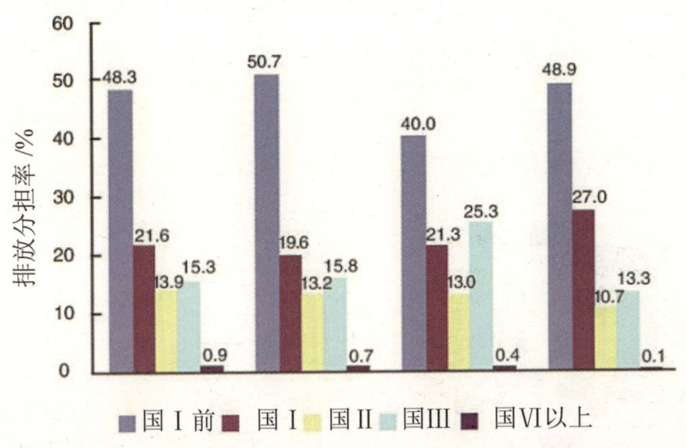

不同排放标准汽车的污染物排放分担率

25. 油品质量对排放有什么影响？对机动车有哪些危害？

油品质量与机动车排放性能密切相关，燃油中的硫、锰、铜等元素和烯烃、芳烃、醇类等物质的含量对排放性能都有重要影响。燃油中的硫在燃烧过程中生成二氧化硫，会导致排气净化装置性能下降、使用寿命缩短、污染物排放上升，二氧化硫也会进一步反应生成三氧化硫或硫酸，造成颗粒物排放增长。锰元素燃烧产生的二氧化锰覆盖在净化催化剂的表面上，会降低净化装置性能，使排放污染升高。铜元素可提高燃油中烯烃的氧化速度，能生成大量的胶质，在燃油燃烧过程中形成沉积物，使燃烧质量下降，污染物排放增加。烯烃含量高的燃油热安定性差，易在发动机内产生沉积物，导致发动机工作异常，使发动机排放恶化。芳烃含量较高时不但导致碳氢化合物、一氧化碳、氮氧化物和颗粒物排放增长，还容易产生硝基多环芳烃等具有致癌效应的污染物，加大机动车排放危害。乙醇和甲醇等容易造成发动机沉积物增长，导致排放加重，且燃烧中产生醛、酮类等高毒性污染物，增加汽车排气污染的危害性。

26. 工业 VOCs 的来源有哪些？

工业 VOCs 涉及众多行业领域，分布广且各行业排放的 VOCs 种类繁多、成分复杂，并随着原料和生产工艺的不同，排放的 VOCs 种类、性质、浓度也不同。

排放VOCs的行业主要包括：包装印刷、石油化工、生物质燃料燃烧、油品及溶剂储运（含加油站）、建筑装修、高分子合成、家具制造、电子制造、汽车制造、机械加工、印染、合成革与人造革、制鞋、制药及精细化工等行业。据测算，每年全国工业VOCs排放总量大于2 200万t。

VOCs作为二次污染物的前体物，是引起光化学烟雾和城市雾霾天气的重要污染因子，同时，对全球温室效应和臭氧层破坏具有不可忽略的影响。例如，2013年1月，在北京雾霾重污染过程中，PM$_{2.5}$中有机细颗粒物浓度占50%左右。

27. 扬尘对PM$_{2.5}$有贡献吗？

扬尘是指产生于地表风蚀等自然过程，以及道路、农田、堆场和建筑工地等人为过程的颗粒物，包括硅、铝、钙、铁等元素的氧化物。一般来说，在土壤裸露情况严重、建筑活动或者工业生产密集的地区，大气中扬尘污染会比较严重。在某些特定的气象条件下，大气扬尘可以被长距离传输，甚至跨境传输，从而导致大范围污染。我国北方春季常见的沙尘暴就是一种典型的、经过长距离传输的扬尘污染。

扬尘虽然主要由粗颗粒物构成，但是对PM$_{2.5}$也有一定的贡献。此外，在反复的沉降、碾压、再扬起过程中，大气扬尘中的粗颗粒物也有可能被破碎为细颗粒物。有研究表明，扬尘对北京市PM$_{2.5}$的贡献约为10%。

28. 城市面源对 $PM_{2.5}$ 有什么影响？

人为污染源按空间分布可分为点源和面源。城市面源除道路扬尘、建筑扬尘、裸露地扬尘等外，还包括烧烤、中小餐饮店、居民餐饮油烟、燃煤炉灶、露天焚烧（垃圾、树叶）以及家装、家具、汽车维修、干洗店等。城市面源量大面广，多数没有采取有效的污染控制措施，管理难度大。

城市面源排放的污染物复杂，例如居民小炉灶会排放黑碳、二氧化硫和成百上千种有机污染物，烹调和房屋粉刷也会排放多种有机物。除直接排放颗粒物外，还会排放很多气态污染物，如公众关注的甲醛就是一种常见的气态有机物。城市面源由于数量多、分布广、排放高度低、控制措施落后、管理难度大，对 $PM_{2.5}$ 也有重要贡献。

29. 秸秆及落叶的焚烧对 $PM_{2.5}$ 有什么影响？

生物质燃烧源是指各种农作物和植物燃烧产生的污染物排放源，主要包括农田秸秆焚烧、森林大火、草原大火。由于我国是农业大国，农田秸秆焚烧是我国 $PM_{2.5}$ 的重要来源之一。秸秆是指玉米、谷子、小麦、稻子等农作物收割完之后留在田地里的茎秆。农作物秸秆中含有氮、磷、钾、碳、氢、硫等多种元素，这些元素在焚烧

时能够释放出大量的二氧化硫、氮氧化物、$PM_{2.5}$等污染物，造成严重的大气污染，对人的眼睛、鼻子和咽喉含有黏膜的部分刺激较大，轻则造成咳嗽、胸闷、流泪，严重时可能导致支气管炎发生。尤其是刚收割的秸秆尚未干透，经不完全燃烧产生的污染物量更多。此外，秸秆焚烧形成大量的烟雾，导致能见度大大降低，严重干扰正常的交通运输，容易引发交通事故，还会影响飞机的正常起飞和降落。类似于农田秸秆焚烧，在城市地区，焚烧植物落叶也是导致局部大气污染的原因之一。

30. 烟花爆竹也会产生 $PM_{2.5}$ 吗？

鞭炮和烟花的化学成分很复杂，主要是硝酸钾、木炭和硫黄。按作用分，鞭炮的成分可分为氧化剂（硝酸钾、氯酸钾等）、可燃物（硫黄、木炭粉、红磷、镁粉等）、火焰染色剂如钡盐（火焰呈绿色）、钠盐（火焰呈黄色）、银盐（火焰呈红色）等。鞭炮和烟花里的火药被引燃后，这些物质便发生一系列复杂的化学反应，产生二氧化碳、一氧化碳、二氧化硫、一氧化氮、二氧化氮等气体以及 $PM_{2.5}$ 等污染物，同时产生大量光和热而引起鞭炮爆炸。纸屑、烟尘及有害气体伴随着响声及火光，四处飞扬，使燃放现场硝烟弥漫。

北京市环保局的监测数据显示，燃放烟花爆竹对 $PM_{2.5}$ 浓度的影响非常大。2012 年北京除夕夜燃放烟花爆竹，部分地区 $PM_{2.5}$ 浓度急剧上升，一度达到惊人的 1 500 微克 / 米 ^{3} 以上，造成局部重度污染。

31. 影响雾霾形成的气象条件有哪些？

雾霾天气发生时，从大的天气系统来看，区域主要受低压辐合、高压中心或均压场控制，大气异常稳定而形成静稳天气。静稳天气严重阻碍了空气的水平输送和垂直扩散，局地气象条件表现为高湿、逆温层厚、逆温强度大，风速低或静风，导致空气中的污染物不易向外扩散而造成集聚效应，污染越来越严重。同样，城市污染物在低气压、风小的条件下，与低层空气中的水汽相结合，促进了二氧化硫、氮氧化物等向硫酸盐和硝酸盐等二次颗粒物的转变，进一步加重雾霾的污染程度。

2013 年 1 月，受大气环流影响，我国中东部偏北地区大气异常稳定，空气垂直运动弱，冷空气过程少且弱，湿度大但无降水，造成污染物积累叠加，引起了我国中东部地区发生严重雾霾天气。这种天气过程缘起于冬季北半球高纬平流层爆发性增温，非常少见，最近 30 年曾发生 5 次。

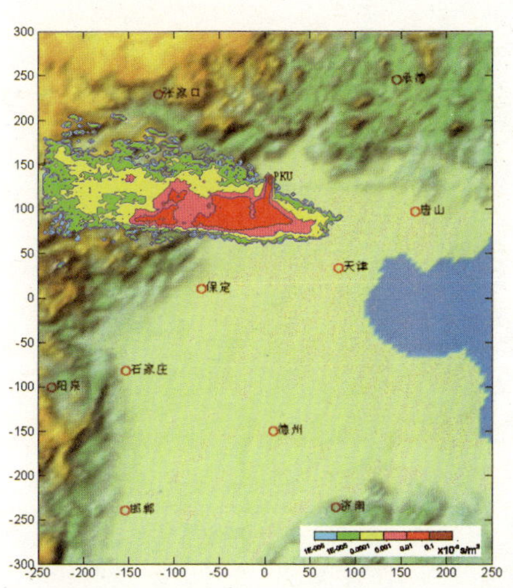

32. 为什么冬季雾霾天气比较多？

冬季由于地面夜间的辐射降温明显，大气低空容易出现“逆温层”，空气的水平、垂直方向交换流通能力变弱，空气中排放的污染物被限制在浅层大气中，并逐渐积聚形成霾，导致空气污染。同时，冬季雾天出现的频率更多，这是因为冬天夜间漫长，晴天风小的机会较多，地面散热更快，气温下降更显著，在早晨气温降至最低时，空气中的水汽就容易达到饱和，凝结成小水滴，小水滴越积越多而形成雾。

从气象学角度来看，有雾的时候往往意味着大气比较稳定，而稳定的大气又容易使污染物聚集，所以大雾天气通常会伴随着或轻或重的污染状况。很多时候我国中东部地区出现的低能见度天气，实际上是因雾和霾混合导致的，早晨相对湿度较高时大多是雾，白天气温上升湿度下降后转变成霾。特别是受采暖等的影响，冬季排放的污染物更多，这也是冬季雾霾天出现的一个重要原因。

33. 区域性雾霾污染的形成原因有哪些？

2013年1月，我国中东部多次发生大范围的区域性雾霾污染现象，其原因主要有三个方面：

第一，我国中东部地区燃煤、机动车、工业、扬尘等污染源的污染物排放总量大，是造成严重区域性污染的内在原因。特别是2012年12月以来，整个华北地区处于极端低温天气，由于低温导致燃煤采暖排放量相应增加。

第二，极端不利的污染扩散条件是形成雾霾污染过程的直接原因。由于冷空气活动弱，华北平原、长江中下游平原等地区风力较小，大气温度随高度的分布（大气层结）稳定，受降水和地面水汽蒸发的影响，一些地区近地面空气的相对湿度越来越大。在这些地区，夜间天空晴朗少云，辐射降温幅度较明显，有利于湿空气饱和凝结，形成大雾。在这种稳定的气象条件下，空气中的污染物在水平和垂直方向上都不容易向外扩散，使得污染物在大气的浅层积聚，从而导致污染状况越来越严重。

第三，区域污染和本地污染贡献叠加，$PM_{2.5}$区域性污染以及相关联区域污染传输，也是形成雾霾污染的重要因素。

34. 为什么刮风、雨雪天气过后，雾霾天气很快好转？

雾霾天气形成的直接原因是空气中的污染物和雾气无法扩散，聚集在一个小的范围内。而“无法扩散”则直接受控于稳定的大气结构，即空气对流较弱。在刮风时，大气水平和垂直的对流运动增强，空气中的污染物和雾气很快就被吹散，大气的自净能力加强，雾霾天气好转。特别是雨雪过后的晴天，空气比较湿润时，刮风可以明显起到清洁空气的作用。在下雨或下雪时，空气中的一部分污染物会附着在降落的雨滴或雪花上，从而被有效地从空气中去除。

35. 经济发展模式与产业结构对大气污染的影响有哪些？

我国正处于工业化中后期，经济增长的主要动力来自第二产业的增长，经济发展还严重依赖高能耗、高污染的产业。传统污染型产业，如钢铁、水泥、有色金属、煤炭、石油化工、电力、交通运输等仍在快速发展，结构性污染突出。例如，我国粗钢产量从2000年的1.29亿t激增到2010年的6.27亿t，占全球粗钢产量的44%；水泥产量从2000年的5.97亿t增加到2010年的18.68亿t，超过全球水泥总产量的 60%。虽然与 1990 年相比，我国主要大气污染物的单位 GDP 排放强度分别降低了 40% ～ 80%，但这不足以抵消经济高速发展带来的排放量增长，污染物排放总量和强度仍处于较高水平，使得一次颗粒物、二氧化硫、氮氧化物和 VOCs 的排放量都在 2 000 万 t 以上。

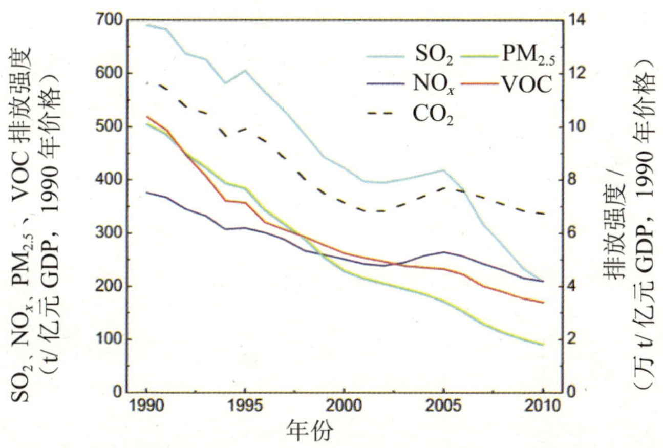

全国亿元 GDP（1990 年价格）的污染物排放强度

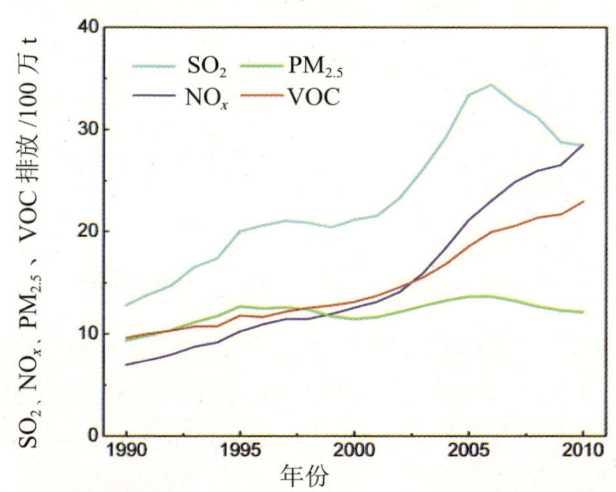

全国污染物排放量变化趋势

36. 能源结构与消费对大气污染的影响有哪些?

能源按形成条件可分为一次能源与二次能源。一次能源是存在于自然界中可直接利用其能量的能源，例如煤炭、石油、天然气、水能、核能、太阳能、风能、木材等。二次能源不是自然界天然存在的，而是人类利用一次能源经过加工、转化而取得的能源，例如煤气、焦炭、汽油、煤油、柴油、甲醇、乙醇、燃料油、液化石油气、电力、氢能、沼气、蒸汽等。

我国能源结构以煤为主，是世界上最大的煤炭生产国和消费国。近年来，我国的燃煤消费量以每年超过 2 亿 t 的速度增长，2010 年燃煤消费量已达 33.86 亿 t，超过全球总量的一半。在一次能源消费构成中，煤炭所占比例为 70% 左右，而发达国家这一比例平均只有 21% 左右。同时，我国能源利用效率相对较低，能源生产和使用仍然粗放。

以煤为主的能源结构是影响我国大气环境质量的主要因素。煤是一种比较“脏”的能源，其燃烧过程中排放出大量的二氧化硫、氮氧化物和烟尘。就全国而言，煤烟型污染仍是我国大气污染的主要特征之一。

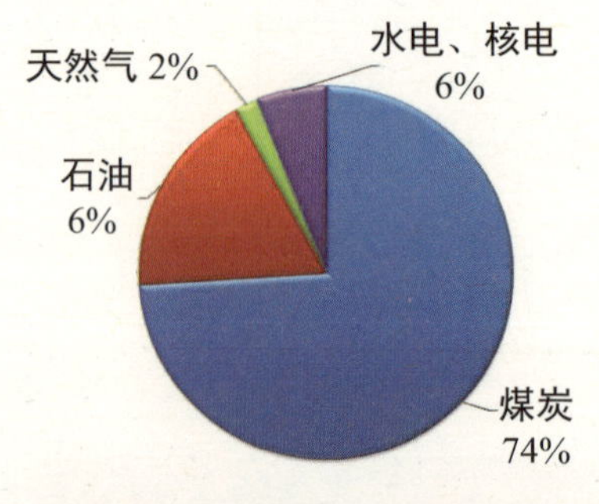

中国能源结构

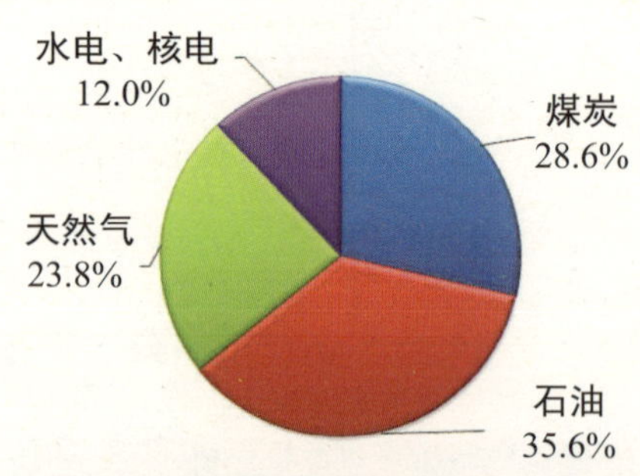

世界能源结构

37. 城镇化与城市规划对大气污染的影响有哪些？

城镇化可以极大地促进产业结构调整和资源优化配置，有利于实施国家区域发展总体战略，统筹城乡区域协调发展，改善人民的居住和工作环境，提高土地集约化利用，推广清洁能源的使用，减少大气污染物的排放。

要建设好城市，必须有一个统一的、科学的城市规划，并严格按照规划进行建设。城市规划要预见并合理地确定城市的发展方向、规模和布局，做好环境预测和评价，协调各方面在发展中的关系，在优先考虑环境容量和质量的前提下，统筹安排各项建设，使整个城市的建设和发展达到技术先进、经济合理、环境优美的综合效果，为城市人民的居住、劳动、学习、交通、休息以及各种社会活动创造良好条件。城市发展过快，城市规划不科学、不合理，不仅会浪费大量宝贵的土地资源，还会拉长城市不同功能区之间的距离，导致交通运输工具数量的增加，必将导致大气污染物排放的激增，从而造成严重的大气污染。

38. 公众生活方式改变对大气污染的影响有哪些？

生活方式一般是指人们长期受一定社会文化、经济、风俗、家庭影响而形成的一系列的生活习惯、生活制度和生活意识，包括衣、食、住、行、劳动工作、休息娱乐、社会交往、待人接物等物质生活和精神生活，它通常反映个人的情趣、爱好和价值取向，具有鲜明的时代性和民族性。

随着社会经济的发展，人们的生活方式和消费方式也在发生着变化，对住房、家用电器、交通、日常消费品等的需求量不断增大，这不但造成直接能耗的升高，还会造成生产这些商品过程中的能耗升高，即间接能耗升高。能源消耗量的增大必然导致更多的气态、颗粒态的污染物排放，从而造成大气污染。

在过去的十多年，发达国家虽然人口数量基本稳定，用能技术飞速发展，能源利用率提高，但它们的能源消耗量并没有减少。究其原因，正是生活方式的影响所导致的。也就是说，人均能耗的增加量抵消了技术进步带来的节能量。

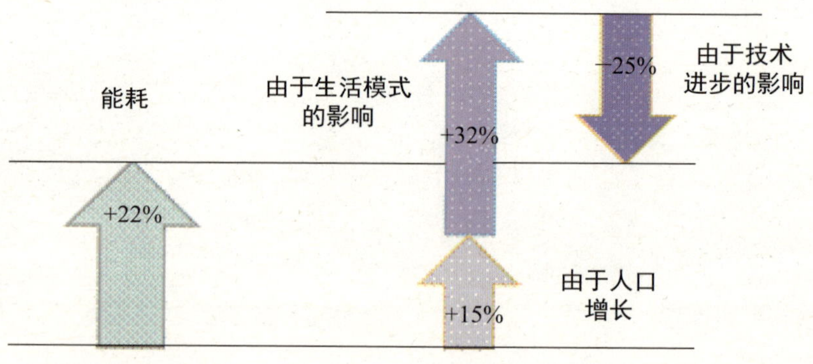

G8 国家的能耗变化（1980—2006 年）

第三部分

$PM_{2.5}$ 的危害及环境影响

39. 伦敦烟雾污染事件

伦敦烟雾事件是1952年12月发生在伦敦的一次严重大气污染事件。这次事件造成多达12 000人因为空气污染而丧生，并推动了英国环境保护立法的进程。

从1952年12月5日开始，逆温层笼罩伦敦，城市处于高气压中心位置，垂直和水平的空气流动均停止，连续数日寂静无风。当时伦敦冬季多使用燃煤采暖，市区还分布有许多以煤为主要能源的火力发电站。由于逆温层的作用，煤炭燃烧产生的二氧化碳、一氧化碳、二氧化硫、烟尘等气体与污染物在城市上空蓄积，引发了连续数日的大雾天气。其中，二氧化硫浓度超过3 800μg/m^3，粉尘浓度高达4 500μg/m^3。其间由于毒雾的影响，不仅大批航班取消，甚至白天汽车在公路上行驶都必须开着大灯。

40. 美国洛杉矶光化学烟雾事件

20 世纪 40 年代初期发生在美国的洛杉矶光化学烟雾事件是世界有名的公害事件之一。洛杉矶在 20 世纪 40 年代就拥有 250 万辆汽车，每天大约消耗 1 100t 汽油，排出 1 000 多 t 碳氢化合物、300 多 t 氮氧化物、700 多 t 一氧化碳。

大量碳氢化合物和氮氧化物在阳光照射下，发生一系列化学反应生成臭氧、过氧乙酸硝酸酯（PANs）等二次污染物，滞留市区久久不散。参与光化学反应过程的一次污染物和二次污染物的混合物所形成的浅蓝色有刺激性的烟雾污染现象叫做光化学烟雾。烟雾主要是由于汽车尾气和石油化工废气排放造成的，一般发生在湿度低、气温在 24 ～ 32℃的夏季晴天中午或午后。

在 1952 年 12 月的一次光化学烟雾事件中，洛杉矶市 65 岁以上的老人死亡 400 多人。1955 年 9 月，由于大气污染和高温，短短两天之内，65 岁以上的老人又死亡 400 余人，许多人出现眼睛痛、头痛、呼吸困难等症状。直到 20 世纪 70 年代，洛杉矶市还被称为“美国的烟雾城”。

41. 日本四日市哮喘事件

四日市位于日本东部海湾。1955 年这里相继兴建了 10 多家石油化工厂，化工厂终日排放的含二氧化硫气体和粉尘，使昔日晴朗的天空变得污浊不堪。1961 年，呼吸系统疾病开始在这一带发生，并迅速蔓延。据报道，患者中慢性支气管炎占 25%，哮喘病占 30%，肺气肿等占 15%。1964 年这里曾经有 3 天烟雾不散，不少哮喘病患者因此死去；1967 年一些患者因不堪忍受折磨而自杀；1970 年患者达 500 多人；1972 年全市哮喘病患者 871 人，死亡 11 人。研究发现，哮喘病患者的发病和症状的加重都与大气中二氧化硫浓度呈明显相关关系，由此确定二氧化硫是致喘的原因。由于这种公害病最早发生在日本四日市，在病症状中尤以支气管哮喘最为突出，故被定名为“四日市哮喘”。

42. 我国大气污染的主要特征有哪些？

改革开放 30 多年来，我国经济高速发展，城市化进程不断加快，以资源消耗为主的粗放型经济增长方式带来的高强度污染排放，使我国各地区特别是东部经济发达地区各种环境问题集中爆发，就全国而言，我国大气污染的基本特征仍然是煤烟型污染。

进入 21 世纪以来，由于机动车保有量的大幅增加，在京津冀、长三角、珠三角及中东部地区的省会城市，大气污染呈现出煤烟型与机动车污染共存的新型大气复合污染，细颗粒物和臭氧为主要污染物，霾和光化学烟雾频繁、二氧化氮浓度居高不下，酸沉降转变为硫酸型和硝酸型的复合污染，区域性和二次化学转化突出的大气污染愈加明显。

43. $PM_{2.5}$与大气复合污染的关系主要表现在哪些方面？

大气复合污染的主要特征是细颗粒物（$PM_{2.5}$）和臭氧等二次污染的凸显。低空臭氧通常是在高温季节易于产生并超标，而$PM_{2.5}$的浓度尽管也呈现季节性变化，但在许多城市地区全年均可能形成高浓度污染。同时，$PM_{2.5}$化学组成繁多，来源和成因复杂，影响到环境质量、大气能见度、气候变化并危害人体健康，是大气复合污染的关键污染物。

44. $PM_{2.5}$ 有哪些危害？

$PM_{2.5}$ 对健康的危害是多方面的。

进入肺部的 $PM_{2.5}$ 长期作用可使局部支气管的通气功能下降、细支气管和肺泡的换气功能受损。吸附着有害气体的 $PM_{2.5}$ 可以刺激或腐蚀肺泡壁，在其长期作用下，呼吸道防御机能可能受到损害，引发支气管炎、肺气肿和支气管哮喘等。

暴露于 $PM_{2.5}$ 数小时至数周后，心肌缺血、心肌梗死、心力衰竭、心律失常和卒中等心脑血管疾病相关死亡和非致死性事件发生的风险增高。长期暴露于 $PM_{2.5}$ 可更显著地增加人群心血管疾病死亡风险。$PM_{2.5}$ 污染可加快动脉粥样硬化的发病和进展。也有证据显示，$PM_{2.5}$ 暴露会促进一些慢性疾病，如高血压和糖尿病发病和恶化。

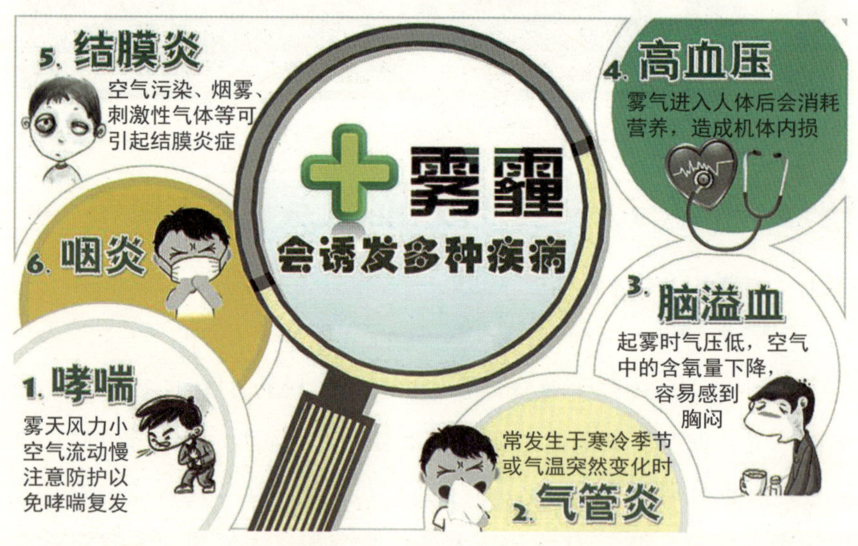

$PM_{2.5}$ 的有机提取物有致突变性，并可引起细胞的染色体畸变等发生。研究还发现，$PM_{2.5}$ 的有机提取物可引起细胞发生恶性转化。

PM$_{2.5}$ 中含有多种致癌物和促癌物。城市大气 PM$_{2.5}$ 中的致癌性多环芳烃如苯并 [α] 芘浓度与居民肺癌的发病率和死亡率有关。大气 PM$_{2.5}$ 的高浓度长期暴露还与人群中出生缺陷的高发有关。

PM$_{2.5}$ 能吸收和阻挡太阳辐射，降低紫外线辐射的强度。紫外线具有抗佝偻病及杀菌的作用。因此，在 PM$_{2.5}$ 污染严重的地区，儿童佝偻病发病率增加，一些呼吸道传染病的发病率也增高。

45. PM$_{2.5}$ 为什么对人体健康有害？

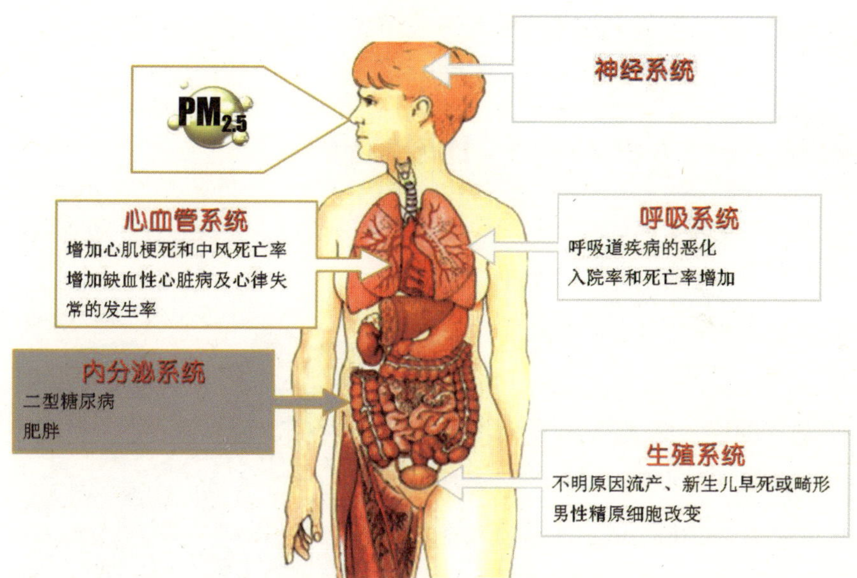

PM$_{2.5}$ 对人体健康影响的机制还不完全清楚。现有的研究认为，PM$_{2.5}$ 对人体健康的短期影响与长期影响机制不完全相同。一般认为，PM$_{2.5}$ 主要通过以下方式影响人体健康：一是 PM$_{2.5}$ 进入肺部，引起局部氧化应激和炎性反应，氧化应激可损害生物膜脂质、蛋白质和

DNA，与炎症因子一起作用损伤呼吸道，引起肺功能降低和呼吸系统症状；二是 $PM_{2.5}$ 刺激肺部产生的炎症因子以及通过肺毛细血管进入血液循环的 $PM_{2.5}$ 组分，改变循环系统的氧化应激状态和炎症水平，引起全身性炎症反应，后者可能对人体组织器官产生不良影响；三是 $PM_{2.5}$ 引起的系统氧化应激及炎性反应可进一步导致人体血液的高凝血状态、血管内皮细胞功能紊乱、血管舒缩异常、心血管的神经调节功能紊乱等，造成人体心血管系统的损害；四是进入系统循环的 $PM_{2.5}$ 组分，还可对人体的心血管系统、神经系统等产生直接的毒害作用；五是 $PM_{2.5}$ 可刺激细胞释放活性氧，氧化损伤人体的组织细胞和遗传物质，引起细胞增殖和分裂紊乱，可能导致细胞癌变。

46. 哪些人群对 $PM_{2.5}$ 比较敏感？

研究表明，婴幼儿、儿童、老年人、糖尿病人、心血管疾病患者、有慢性肺疾患的病人对 $PM_{2.5}$ 的危害比较敏感。$PM_{2.5}$ 可削弱人体呼吸系统的防御能力，增加人体呼吸道对细菌、病毒等感染的易感性。据估计，大气 $PM_{2.5}$ 的日平均浓度每升高 20μg/m^3，儿童急性下呼吸道感染的风险将增加 8%。最近的研究还显示，肥胖者对 $PM_{2.5}$ 的健康危害也比较敏感，特别是 $PM_{2.5}$ 暴露所致的心血管疾病风险。

47. PM$_{2.5}$中有毒有害物质主要有哪些？

PM$_{2.5}$的化学成分多达数千种以上，可分为有机和无机两大类。PM$_{2.5}$的毒性与其化学成分密切相关。PM$_{2.5}$中含有多种有毒元素如铅、镉、铬、氟、砷、汞等。调查发现，大气中镉、锌、铅以及铬浓度的分布与调查地区的心脏病、动脉硬化、高血压、神经系统疾病以及慢性肾炎等疾病的分布一致。PM$_{2.5}$的有机成分中，以多环芳烃类最引人注目。有一些多环芳烃类有致癌性，苯并[α]芘就是代表。PM$_{2.5}$上还可吸附细菌、病毒等致病微生物。

PM$_{2.5}$还可作为其他污染物如二氧化硫、二氧化氮、酸雾和甲醛等的载体，这些有害物质都可以吸附在PM$_{2.5}$上进入肺的深部，加重对肺的损害。

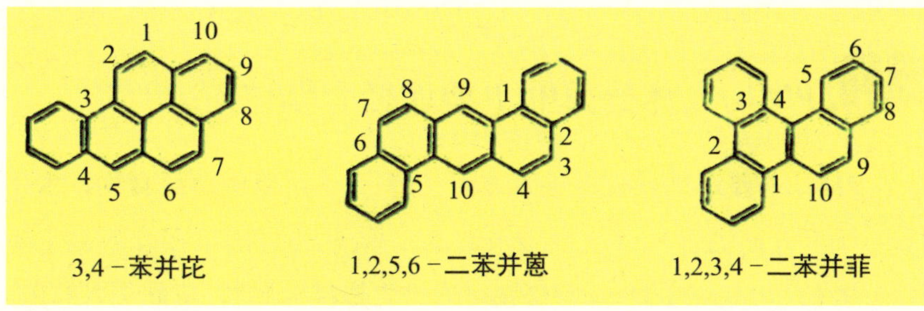

3,4－苯并芘　　1,2,5,6－二苯并蒽　　1,2,3,4－二苯并菲

48. PM$_{2.5}$对人体健康有没有安全水平？

目前的研究还没有观察到不影响人体健康、安全的大气PM$_{2.5}$水平。最近的研究显示，即使在WHO的大气PM$_{2.5}$年均浓度指导值10μg/m^{3}以下，仍能观察到PM$_{2.5}$污染对人群死亡率的短期和长期不良影响，其中尤以短期影响更为明显。此外，一些证据表明，PM$_{2.5}$

长期暴露与健康影响的暴露-反应关系曲线在低浓度范围时更陡，即相对于高浓度范围，在低浓度范围的 $PM_{2.5}$ 水平改变，可导致健康危害的风险较大幅度地增加。

49. $PM_{2.5}$ 人体暴露的主要途径有哪些？

$PM_{2.5}$ 主要通过呼吸道进入体内。$PM_{2.5}$ 也可以降落至食物、水体或土壤，人通过进食或饮水摄入 $PM_{2.5}$。幼儿还可因直接食入尘土而摄入 $PM_{2.5}$。$PM_{2.5}$ 中的一些污染物可通过直接接触黏膜、皮肤进入体内。

不同粒径的颗粒物在呼吸道的沉积部位不同。粒径大于 5 微米的多沉积在上呼吸道，通过纤毛运动，这些颗粒物被推移至咽部，或被吞咽至胃，或随咳嗽和打喷嚏而排除。粒径小于 5 微米的颗粒物多沉积在细支气管和肺泡。75% 的 $PM_{2.5}$ 在肺泡内沉积，但小于 0.4 微米的颗粒物可以较自由地出入肺泡并随呼吸排出体外，因此在呼吸道的沉积较少。有时颗粒物的大小在进入呼吸道的过程中会发生改变，吸水性的物质可在深部呼吸道温暖、湿润的空气中吸收水分而变大。

50. $PM_{2.5}$ 对人体心血管系统有哪些影响？

大气 $PM_{2.5}$ 污染与心血管疾病死亡率、住院率和急诊率增高以及相关疾病恶化等有密切关系。大气 $PM_{2.5}$ 的长期暴露还与心律不齐、心力衰竭、心跳骤停的风险增加有关。$PM_{2.5}$ 还可促进动脉粥样硬化的发病和进展。研究发现，人群心血管病死亡率上升与 1 ～ 5 天前大气 $PM_{2.5}$ 浓度的升高有关。$PM_{2.5}$ 每升高 10μg/m^3，心血管病死亡率可增加 0.4% ～ 1.0%。在世界不同城市和地区对 $PM_{2.5}$ 长期健康影响的研究表明，$PM_{2.5}$ 污染水平每升高 10μg/m^3，心血管疾病相关死亡的风险上升 3% ～ 76%。可见，$PM_{2.5}$ 对人体心血管系统的长期影响要大于其短期影响。

大气污染物对心血管系统危害的原因还不十分清楚。一般认为，与以下因素有关：一是 $PM_{2.5}$ 刺激呼吸道产生炎症并释放细胞因子，后者可引起血管损伤，导致血栓形成，影响动脉粥样硬化斑块的稳定性；二是 $PM_{2.5}$ 干扰心脏的神经调节；三是 $PM_{2.5}$ 的某些组分直接进入循环系统诱发血栓的形成，并对心血管系统产生影响。

51. $PM_{2.5}$ 对人体呼吸系统的影响？

进入肺部的 $PM_{2.5}$ 长期作用，可使局部支气管的通气功能下降，细支气管和肺泡的换气功能丧失。吸附着有害气体的 $PM_{2.5}$ 可以刺激或腐蚀肺泡壁，长期作用可使呼吸道防御机能受到损害，发生支气管炎、肺气肿和支气管哮喘等。长期居住在 $PM_{2.5}$ 污染严重地区的居民，可出现肺活量降低、呼吸道疾病的患病率增高等。研究显示，$PM_{2.5}$ 长期暴露是人群呼吸道疾患发病的重要危险因素。$PM_{2.5}$ 浓度每升高 10μg/m^3，人群支气管炎发病增加 29%，儿童的肺功能指标下降 1% 左右。

$PM_{2.5}$ 还可增加人体呼吸道对细菌、病毒等的敏感性，导致呼吸系统对感染的抵抗力下降。研究还发现，$PM_{2.5}$ 污染可阻碍儿童肺功能的发育。$PM_{2.5}$ 还可加重过敏性鼻炎的症状。

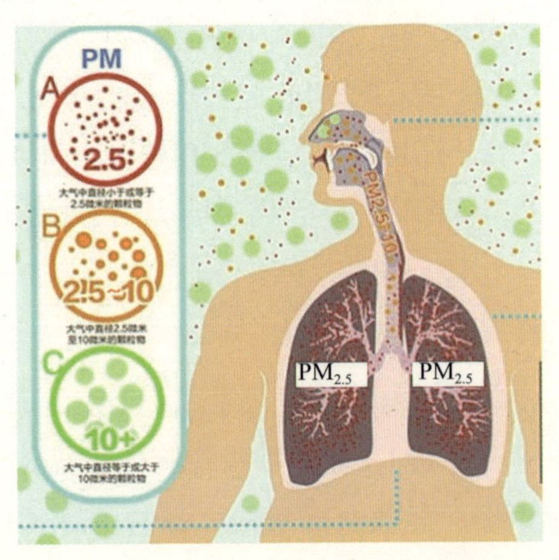

52. PM$_{2.5}$与肺癌有没有关系?

国内外许多研究表明，PM$_{2.5}$污染程度与肺癌的发病率和死亡率有关。与农村人群相比，城市人群的肺癌死亡率较高，显示PM$_{2.5}$污染是肺癌发生的危险因素之一。PM$_{2.5}$的致癌活性与其中的致癌性多环芳烃类如苯并[α]芘含量有关。已有的研究表明，大气中的苯并[α]芘浓度为0.001μg/m^{3}时，人因暴露苯并[α]芘患呼吸系统肿瘤的风险为万分之一。

对约50万美国居民的资料分析后发现，PM$_{2.5}$污染与居民肺癌死亡率有关。PM$_{2.5}$浓度每升高10μg/m^3，肺癌死亡率增加8%。我国上海曾对居住在不同大气污染程度的市中心、近郊以及远郊的22万成年人按吸烟习惯分组，进行了为期5年的追踪研究。结果发现，三个地区非吸烟者的肺癌死亡率没有明显的差异。但是，大气污染越严重，男性吸烟者的肺癌死亡率越高，提示吸烟与大气污染可能有联合作用，即在大气污染严重的地区，吸烟者患肺癌的风险会更高。

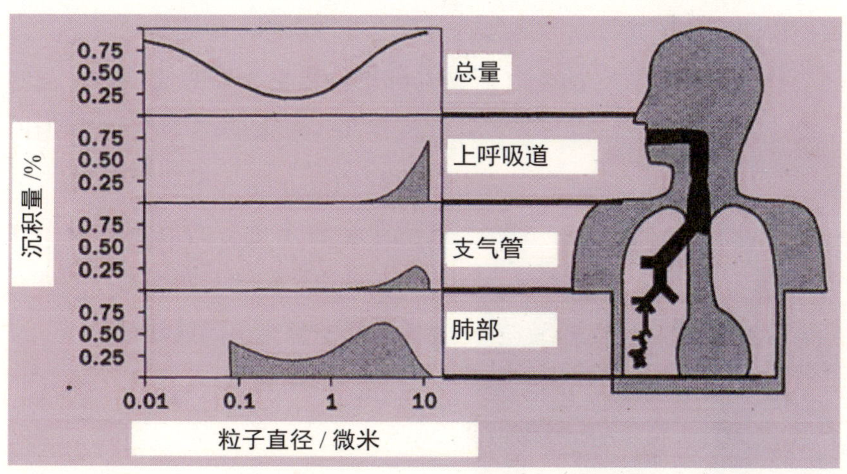

53. 雾霾天气对情绪有影响吗？

雾霾天气对人的情绪会产生影响。

首先，雾霾天时太阳光被大气颗粒物散射和吸收，使日照减少。阳光有助于减少瞌睡和抑郁感。如秋冬日照时间缩短，一些人会抱怨、瞌睡、疲劳、嗜食碳水化合物，体重增加，情绪不高等。这些人被称为光饥饿者，其中女性多于男性。在北欧或靠近极地地区，在极夜出现的几个月里，人们情绪易低落，出现的症状与上面叙述的类似。由于这些问题与季节有关，也称为季节性情感障碍。因此，也可以将雾霾天出现的情绪问题称为雾霾天情感障碍。

其次，雾霾天时天空昏暗。黑色使人感觉集中、压迫、抑制、重且低。例如，一个黑色的100g（克）重的木块与187g（克）重的白色木块给人的感觉是一样重。还有一个例子说明黑色的上述心理特性。伦敦泰晤士河上有一座桥，最初是被漆成黑色。后来发现，在这座桥上自杀的人数高于在其他桥上自杀人数的平均水平。于是人们决定把桥的颜色改成绿色。这之后，在这里自杀的人数的确下降了。

此外，雾霾天时的空气污染本身也会影响人们的情绪。严重的空气污染至少影响3种社会行为：娱乐行为、人际关系以及攻击。空气污染会带来更多的敌意和攻击性行为，减少人们的互助行为，抑郁、易怒、焦虑都会出现或加重。

54. PM$_{2.5}$ 对能见度有什么影响？

太阳辐射在通过大气时，对能见度的削弱作用主要是由两种消光效应决定：气体分子散射（瑞利散射）与吸收和大气颗粒物散射与吸收。纯空气消光作用主要源于空气的瑞利散射。在干净背景地区，能见度的衰减主要由空气的瑞利散射造成，而在城市地区，能见度的衰减主要由大气颗粒物消光所致。颗粒物散射能造成 60% ~ 95% 的能见度减弱。颗粒物散射与粒径有关，大颗粒物散射引起的大部分散射光线，并不明显地改变其原来的路径，而那些大小与可见光波长（0.4 ~ 0.7μm）相近的颗粒物影响较明显。细颗粒物（粒径 0.1 ~ 1.0μm）对光散射效率最大，其他粒级颗粒物相对较小。颗粒物的散射还与其成分有关，在美国洛杉矶的排放物中，各种物质对能见度下降的贡献比例分别为：飞灰（尘）19%，硫酸盐 35%，硝酸盐 34%。因此，大气能见度的变化与大气中的 PM$_{2.5}$ 污染有密切关系。

55. 能见度低都是由 PM$_{2.5}$ 引起的吗？

能见度低并不都是由 PM$_{2.5}$ 造成的。湿度、风速、风向等气象条件及雾、降水、浮尘等天气现象与能见度降低有密切关系。

其中，相对湿度通过改变颗粒物粒径分布，影响颗粒物消光系数进而影响能见度。一般来说，随着相对湿度的增加，硫酸盐、硝酸盐、氯化钠及其他水溶性化合物的吸湿增长，特别是当相对湿度超过70%时更加明显，含有这些化合物的颗粒物粒径会随着湿度增加而长大，对光线的消光贡献增强。

此外，秋冬季节常常出现的大雾天气，是由于空气中的小水滴聚集，阻碍了人们的视线引起的；同样，春季发生沙尘暴时，也会出现能见度低的现象，而沙尘颗粒中以较大的颗粒物为主，也含有一定量的细颗粒物，致使沙尘暴爆发时能见度急剧下降。另外，雷雨季节的暴雨也会使能见度降低。

56. $PM_{2.5}$ 对气候变化有什么影响？

$PM_{2.5}$ 对气候变化的影响分为直接效应和间接效应。直接效应主要指 $PM_{2.5}$ 通过散射和吸收太阳辐射，改变到达地球表面的辐射量，从而改变地面气温的效应。间接效应主要指 $PM_{2.5}$ 作为云凝结核改变云的反照率、生命期等性质，进而影响云的生消过程和降水的效应。有研究发现，由于黑碳气溶胶的存在，南非地区气溶胶总直接辐射强迫可达到 $2W/m^2$（瓦 / 米^2），对全球气候变化具有重要影响的北极地区也存在 $0.4W/m^2$ 的气溶胶总直接辐射强迫。硫酸盐气溶胶直接和间接辐射效应都使大气层产生负的辐射强迫，使地面气温下降。间接效应的引入，加剧了辐射强迫和地面降温，是一个不可忽视的重要过程。还有一些学者发现，如果黑碳气溶胶与硫酸盐气溶胶以内部混合方式存在，黑碳气溶胶的光学吸收作用会得到更大的增强，进而可能在全球范围内更大程度地削弱硫酸盐等气溶胶负的辐射强迫作用。

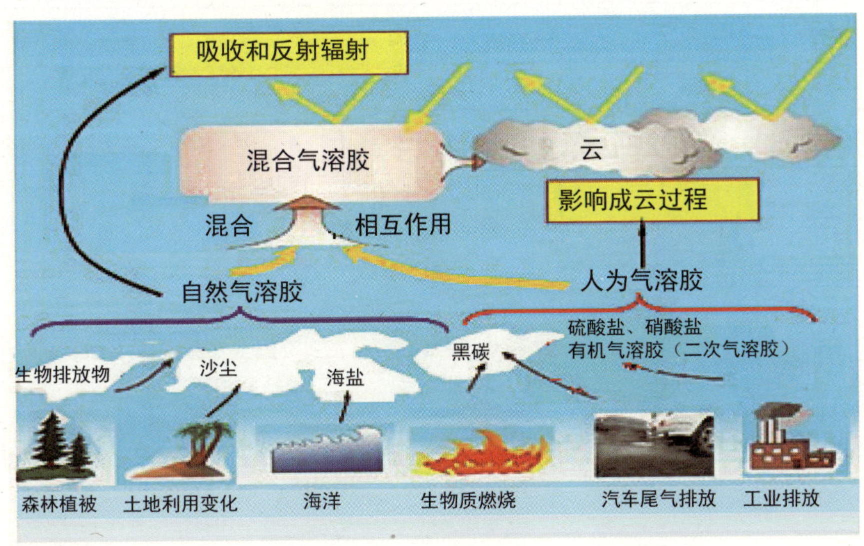

57. PM$_{2.5}$ 对水循环有什么影响？

在降水的形成和沉降过程中，PM$_{2.5}$ 起着十分重要的作用，对降水的性质有着举足轻重的影响。有研究显示，PM$_{2.5}$ 排放的增加改变了云微物理特性，抑制了降水，使得东亚及华东地区年降水量分别减少 5.8% 和 13%。此外，气溶胶增加还引起亚洲大陆上净短波辐射减少，造成地表气温普遍降低，夏季平均气温变化最大的巴尔卡什湖附近气温降低达 2.5℃以上，由此导致海陆热力对比减小、亚洲夏季风减弱，进而加剧了东亚夏季降水的减少。另外，英国《自然·地球科学》杂志发表的研究成果指出，大气中 $PM_{2.5}$ 浓度的增加能够显著影响云的形成和发展及伴随的降水过程。在干燥地区或季节，颗粒物增加会抑制降水；在湿润地区或季节，颗粒物增加会增加降水和暴雨强度。

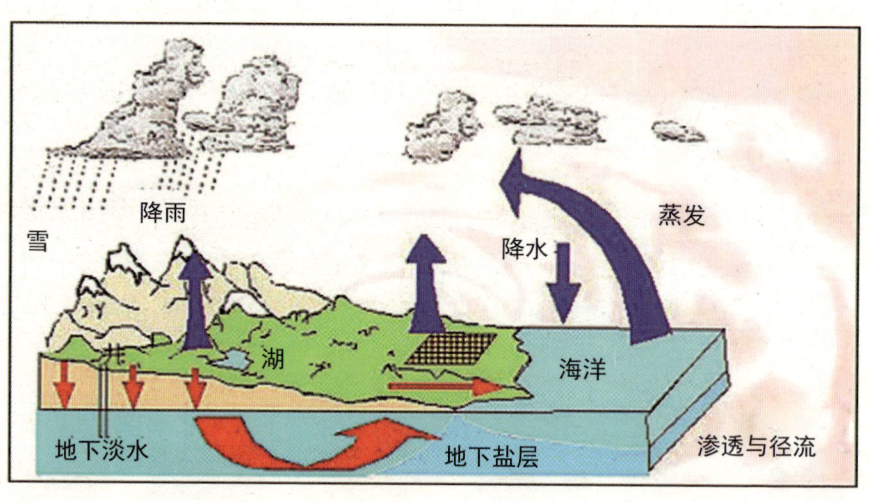

$PM_{2.5}$ WURAN FANGZHI ZHISHI WENDA

$PM_{2.5}$ 污染防治知识问答

第四部分 环境空气质量标准与 $PM_{2.5}$ 监测

58. WHO 大气环境质量指导值和阶段目标值是如何规定的？

制定 WHO 空气质量准则旨在为降低空气污染对健康的影响提供指导。准则于 1987 年首次提出，并在 1997 年进行了更新，2005 年进行了最新修订。WHO 大气环境质量准则中涵盖的污染物有 PM_{10}、$PM_{2.5}$、臭氧、二氧化氮和二氧化硫，其相应的指导值及低于指导值的第一、二、三阶段目标值（见下表），供各国在制订标准时参考。

<table>
<tr><th rowspan="2">项目</th><th colspan="2">PM_{10} /（μg/m^3）</th><th colspan="2">$PM_{2.5}$ /（μg/m^3）</th><th>O_3 /（μg/m^3）</th><th colspan="2">NO_2 /（μg/m^3）</th><th colspan="2">SO_2 /（μg/m^3）</th></tr>
<tr><th>年均</th><th>日均</th><th>年均</th><th>日均</th><th>8 小时均值</th><th>年均</th><th>时均</th><th>时均</th><th>10 分钟平均</th></tr>
<tr><td>第一阶段目标</td><td>70</td><td>150</td><td>35</td><td>75</td><td rowspan="3">160</td><td rowspan="4">40</td><td rowspan="4">200</td><td>125</td><td></td></tr>
<tr><td>第二阶段目标</td><td>50</td><td>100</td><td>25</td><td>50</td><td>50</td><td></td></tr>
<tr><td>第三阶段目标</td><td>30</td><td>75</td><td>15</td><td>37.5</td><td></td><td></td></tr>
<tr><td>指导值</td><td>20</td><td>30</td><td>10</td><td>25</td><td>100</td><td>20</td><td>500</td></tr>
</table>

59. 我国环境空气质量标准经历了怎样的制修订历程？

我国自 1979 年颁布实施《中华人民共和国环境保护法（试行）》后，对大气环境质量保护工作有了明确的要求。1982 年制定了《大气环境质量标准》（GB 3095—82），对总悬浮颗粒物、飘尘（参考）、二氧化硫、氮氧化物、一氧化碳、光化学氧化剂等进行了规定。1996 年修订并发布《环境空气质量标准》（GB 3095—1996），在原有 6 种污染物限值的基础上，增加了二氧化氮、铅、苯并 [α] 芘和氟化物的限值，并将飘尘改为可吸入颗粒物，光化学氧化剂改为臭氧。2000 年发布了环境空气质量标准修改单，取消氮氧化物并放宽二氧化氮和臭氧二级限值。2012 年 2 月发布的《环境空气质量标准》（GB 3095—2012），调整了环境空气功能区分类，增加了 $PM_{2.5}$ 年均、日均浓度限值和臭氧 8 小时平均浓度限值，收严 PM_{10} 和二氧化氮浓度限值，同时提高了数据的有效性要求。

60. 我国新环境空气质量标准有何特点？

我国新的空气质量标准具有多个新特点，如将原标准的第三类功能区调整并入第二类功能区；新增 $PM_{2.5}$ 日均浓度限值、年均浓度限值和臭氧 8 小时平均浓度限值；加严 PM_{10}、二氧化氮、苯并 [α] 芘、铅的浓度限值；并提出了部分重金属参考浓度限值等。

61. 我国如何对环境空气质量进行评价和分级？

我国目前主要使用空气质量指数（AQI）对环境空气质量进行评价和分级，在 AQI 指数大于 50 时，空气质量分指数最大的污染物为首要污染物。若空气质量分指数最大的污染物为两项或两项以上时，并列为首要污染物。首要污染物的选取方法与 API 指数基本相同，但是评价因子由三项（二氧化硫、二氧化氮和 PM_{10}）变为七项：二氧化硫、二氧化氮、PM_{10}、一氧化碳、臭氧（1 小时最大值）、臭氧（8 小时均值最大值）和 $PM_{2.5}$。

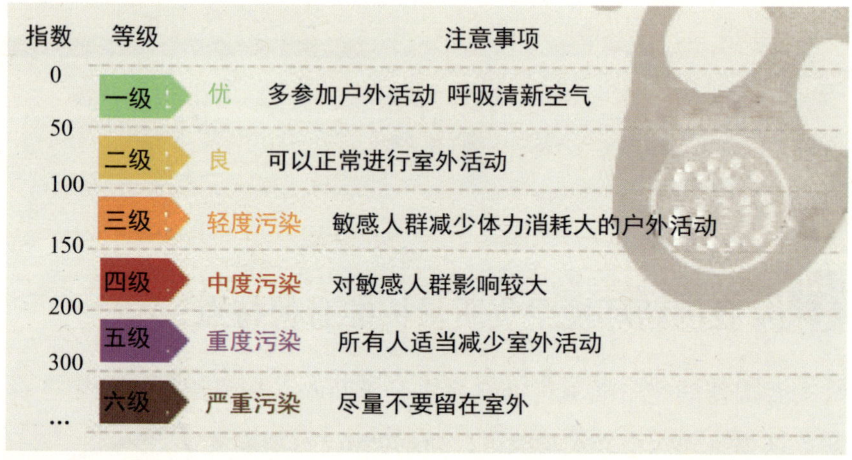

指数	等级		注意事项
0			
	一级	优	多参加户外活动 呼吸清新空气
50			
	二级	良	可以正常进行室外活动
100			
	三级	轻度污染	敏感人群减少体力消耗大的户外活动
150			
	四级	中度污染	对敏感人群影响较大
200			
	五级	重度污染	所有人适当减少室外活动
300			
	六级	严重污染	尽量不要留在室外
…			

62. 什么是霾黄色预警、橙色预警、红色预警？

霾预警信号是气象部门通过气象监测在霾到来之前做出的预警信号，提示公众预防霾带来的影响。霾天气预警信号分为三级，以黄色、橙色和红色表示，分别对应预报等级用语的中度霾、重度霾和极重霾。

霾
红 HAZE
霾
橙 HAZE
霾
黄 HAZE
极重
重度
中度

霾黄色预警信号：预计 24 小时内可能出现下列条件之一或实况已达到下列条件之一并可能持续：

（1）能见度 < 3 000m 且相对湿度 ≤ 80%。

（2）能见度 < 2 000m 且相对湿度 > 80%，$PM_{2.5}$ > 75μg/m^3 且 < 150μg/m^3。

（3）$PM_{2.5}$ ≥ 150μg/m^3 且 < 500μg/m^3。

霾橙色预警信号：预计 24 小时内可能出现下列条件之一或实况已达到下列条件之一并可能持续：

（1）能见度 < 2 000m 且相对湿度 ≤ 80%。

（2）能见度 < 1 000m 且相对湿度 > 80%，$PM_{2.5}$ ≥ 150μg/m^3 且 < 500μg/m^3。

（3）$PM_{2.5}$ ≥ 500μg/m^3 且 < 700μg/m^3。

霾红色预警信号：预计 24 小时内可能出现下列条件之一或实况已达到下列条件之一并可能持续：

（1）能见度 < 1000m 且相对湿度 ≤ 80%。

（2）能见度 < 1000m 且相对湿度 > 80%，$PM_{2.5}$ ≥ 500μg/m^3 且 < 700μg/m^3。

（3）$PM_{2.5}$ ≥ 700μg/m^3。

63. 监测环境空气中 $PM_{2.5}$ 都有哪些方法？

对大气颗粒物的传统监测主要采用重量法。其原理是以恒速抽取定量体积空气，通过特定的采样器，使环境空气中的 $PM_{2.5}$ 被截留在已知质量的滤膜上，根据采样前后滤膜的质量差和采样体积，计算出 $PM_{2.5}$ 的浓度。此方法为大气颗粒物测量中的基准方法，也被认为是最真实的测量方法。但该方法操作时间长、占用人力多、操作要求高。

目前广泛采用的颗粒物测量方法为实时自动测量法，如 β 射线测量法、微量振荡天平法等。由于不同时间、不同地点、不同气象条件、$PM_{2.5}$ 组成变化等因素影响，大气 $PM_{2.5}$ 的监测数据主要反映污染物浓度变化趋势，并不具有可比性。

64. 什么是 β 射线测量法？

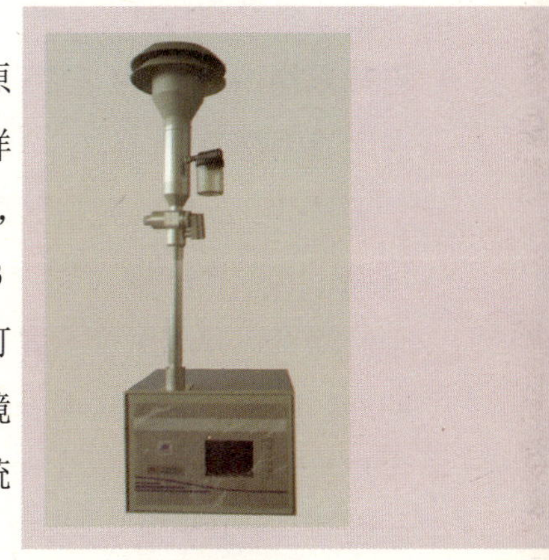

β 射线测量法利用了 β 射线衰减的原理。在测量中，环境空气由采样泵吸入采样管，经过滤膜后排出，颗粒物沉淀在滤膜上，当 β 射线通过沉积着颗粒物的滤膜时，β 射线的能量衰减，通过对衰减量的测定便可计算出颗粒物的浓度。该方法已列入《环境空气颗粒物（PM_{10} 和 $PM_{2.5}$）连续监测系统技术要求及检测方法（试行）》标准中。

65. 什么是微量振荡天平法？

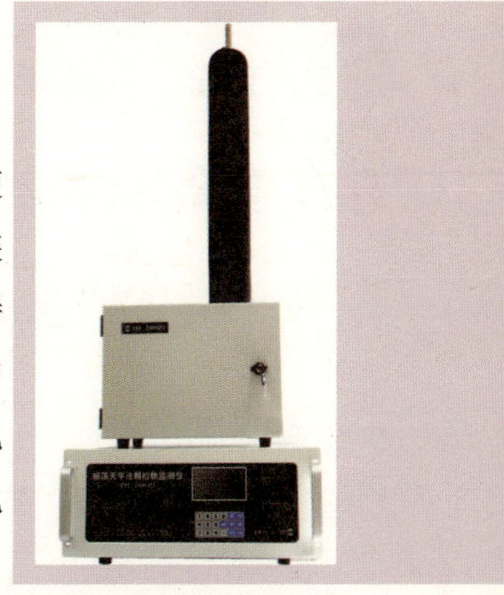

微量振荡天平法是在质量传感器内使用一个振荡空心锥形管，在其振荡端安装可更换的滤膜，振荡频率取决于锥形管特征和其质量。当采样气流通过滤膜，其中的颗粒物沉积在滤膜上，滤膜的质量变化导致振荡频率的变化，通过振荡频率变化

计算出沉积在滤膜上颗粒物的质量，再根据流量、现场环境温度和气压计算出该时段颗粒物的质量浓度。该方法已列入《环境空气颗粒物（PM_{10} 和 $PM_{2.5}$）连续监测系统技术要求及检测方法（试行）》标准中。

66. 环境空气质量监测点布点原则有哪些？

为防止受到局部人为干扰、保证评价点位的代表性，我国《环境空气质量监测规范》中对监测点的布点提出了如下要求：监测点位置在其周围 50m 内不应有污染源；采样口周围空气流通；一定距离内无障碍物等。

目前我国按照建成区面积和建成区人口确定监测点数量。如建成区城市人口在 300 万以上的城市，按每 25 ～ 30km^2 建成区面积设一个监测点，并应至少设置 8 个监测点位；在划定环境空气质量功能区的地区，每类功能区至少应有一个监测点。在点位的分布上，主要技术指标有两个：一是所有城市建成区评价点的均值应尽量反映城市的实际空气质量总体水平；二是要反映和代表城市污染的不同高低水平。

67. $PM_{2.5}$ 小时平均浓度、24 小时平均浓度指什么？

根据《环境空气质量标准》（GB 3095—2012）的规定，$PM_{2.5}$ 小时平均浓度指任何 1 小时污染物浓度的算术平均值，要求每小时至少有 54 分钟的采样时间。24 小时平均浓度指一个自然日 24 小时平均浓度的算术平均值，也称为日平均，要求至少有 21 个小时的平均浓度值或采样时间。

68. 如何保证 $PM_{2.5}$ 监测数据的有效性？

目前我国测量 $PM_{2.5}$ 的主要方法为自动连续测量法，如使用 β 射线测量法、微量振荡天平法等对颗粒物质量浓度实时测量。由于自动测量方法原理和设计均不同，其测量结果与真实值相比存在一定差距，且受到自然条件（如温度、湿度）的影响较大。此外，自动仪器的各个组成部分（如气路系统、电路系统、光路系统等）需要进行常规维护和检测，才能保证仪器设备的正常运行。因此，对 $PM_{2.5}$ 测量中使用的自动仪器需要进行严格的质量保证才能获得准确的数据。质量保证包括对仪器设备的定时流量校准、例行检测、日常维护，测量结果与标准重量法进行比对等。只有建立了有效的质量保证体系，并定期进行比对试验的连续监测结果，其结果的有效性才能得到保证。

$PM_{2.5}$WURAN FANGZHI ZHISHI WENDA

$PM_{2.5}$ 污染防治知识问答

第五部分 大气环境管理与 $PM_{2.5}$ 污染控制

69.《大气污染防治法》主要规定了哪些内容？

我国《大气污染防治法》最早颁布于 1987 年，至今已有 20 多年。期间分别经历了 1995 年和 2000 年的两次修订。现行《大气污染防治法》为 2000 年修订版，共七章六十六条，主要包括大气污染防治的监督管理、防治燃煤产生的大气污染、防治机动车船排放污染、防治废气、尘和恶臭污染以及法律责任等 5 方面内容。

依据现行的《大气污染防治法》，大气污染物监测只包括二氧化硫、二氧化氮和 PM_{10} 3 项指标，还不能完全反映大气污染的实际状况，导致空气质量评价结果与公众直观感受有较大差距。

为了适应当前严峻的环境形势，现行的《大气污染防治法》正在修订当中，新法律将完善空气质量评价标准体系，增加细微颗粒物（$PM_{2.5}$）、臭氧和一氧化碳等指标，并在此基础上，协同控制多种大气污染物，强调大气污染防治的区域联防联控机制，协调解决区域和城市大气污染防治的重大问题。

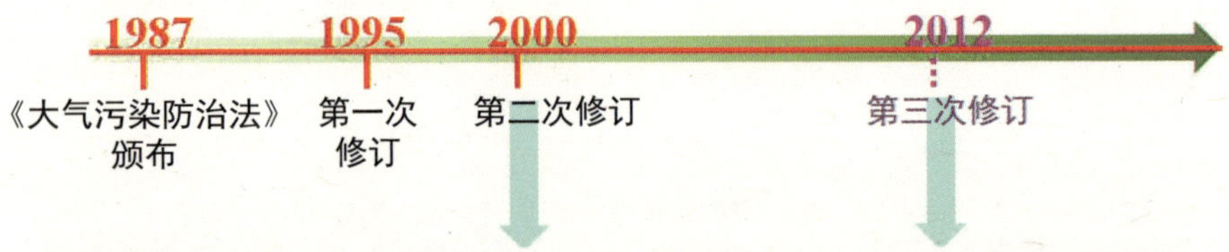

	2000	2012
主要污染物	SO_2、PM_{10}	$PM_{2.5}$、PM_{10}、O_3（前体物）
地区	城市	区域
主要来源	煤，移动源等	煤，移动源等

70. 重点区域大气污染防治规划对 $PM_{2.5}$ 控制有哪些相关规定和措施？

2012 年 12 月 5 日，我国发布了第一个综合性大气污染防治规划《重点区域大气污染防治“十二五”规划》，规划中关于 $PM_{2.5}$ 及其前体物（二氧化硫、氮氧化物和挥发性有机物等）控制的相关规定和主要措施包括：

（1）统筹区域环境资源，优化产业结构与布局

明确区域污染控制类型，划分重点控制区；严格控制高耗能、高污染项目建设，严格控制污染物新增排放量，实施特别排放限值，提高挥发性有机物排放类项目建设要求；淘汰火电、钢铁、建材以及挥发性有机物排放等重污染行业落后产能；大力发展清洁能源，实施煤炭消费总量控制，扩大高污染燃料禁燃区；加大热电联供，淘汰分散燃煤小锅炉，改善煤炭质量，推进煤炭洁净高效利用。

（2）深化大气污染治理，实施多污染物协同控制

全面推进二氧化硫、氮氧化物、颗粒物和挥发性有机污染物减排，加强火电、钢铁、水泥、工业锅炉、工业炉窑和石化等行业的烟气二氧化硫、氮氧化物、颗粒物和挥发性有机物治理工作，实施多种污染物协同减排。

（3）强化机动车污染防治，有效控制移动源排放

促进交通可持续发展，推动油品配套升级，加快新车排放标准实施进程，加强车辆环保管理，加速淘汰黄标车，开展非道路移动源污染防治等。

（4）加强扬尘控制，深化面源污染管理

加强城市扬尘污染综合管理，强化施工扬尘监管，控制道路扬尘污染，推进堆场扬尘综合治理；加强城市绿化建设，加强秸秆焚烧环境监管，推进餐饮业油烟污染治理等。

（5）创新区域管理机制，提升联防联控管理能力

建立统一协调的区域联防联控工作机制、大气环境联合执法监管机制、重大项目环境影响评价会商机制、环境信息共享机制以及区域大气污染预警应急机制等；完善财税补贴激励政策，深入推进价格与金融贸易政策，完善挥发性有机物等排污收费政策，全面推行排污许可证制度，实施重点行业环保核查制度，推行污染治理设施建设运行特许经营，实施环境信息公开制度，推进城市环境空气质量达标管理；建立统一的区域空气质量监测体系，加强重点污染源和机动车排污监控以及污染排放统计与环境质量管理等方面的能力建设。

71. $PM_{2.5}$控制的预期目标有哪些？

我国《重点区域大气污染防治“十二五”规划》中明确提出：到 2015 年，重点区域细颗粒物年均浓度下降 5%，建立区域大气污染联防联控机制，区域大气环境管理能力明显提高。京津冀、长三角、珠三角等区域将细颗粒物纳入考核指标，$PM_{2.5}$ 年均浓度下降 6%；其他城市群将其作为预期性指标。

为加快改善大气环境质量，国家将实施城市空气达标管理：首要大气污染物超标不超过 15%的城市，力争 2015 年达标；首要大气污染物超标 15%以上、30%以下的城市，力争 2020 年达标；首要大气污染物超标 30%以上的城市，要制订中长期达标计划，力争到 2030

年全国所有城市达到空气质量二级标准。

另据《中国环境宏观战略研究》报告显示，我国环境形势虽然局部有所改善，但环境保护的压力依然在加大，我国仍需加大环境保护的力度。该报告提出的战略目标为：到 2050 年，大多数城市和重点地区的大气环境质量得到明显改善，全面达到国家空气质量标准，基本实现世界卫生组织环境空气质量浓度指导值。

72. 为什么要对 $PM_{2.5}$ 污染实行综合控制？

进入 21 世纪以来，由于我国经济高速发展，再加上能源结构以煤为主，能源浪费严重，工业结构和布局不合理，工业发展水平不平衡，环保投资渠道不畅，管理力度不够，机动车污染控制尚未建立有效的运行机制，环境管理监督力度不健全等原因，我国大气颗粒物污染呈现出区域型、复合型、复杂型等特征，大气颗粒物尤其是细颗粒物 PM$_{2.5}$ 污染治理任务十分严峻。因此，治理大气 PM$_{2.5}$ 污染必须采取法律、行政、经济和技术等综合控制手段。

可采取的具体控制手段主要包括强化法律责任，加大对违法行为处罚的力度，加大人力、物力、资源的投入，加强对 PM$_{2.5}$ 及其前体物的控制；设立负责区域空气质量综合控制的专门机构，制定和实施全国空气质量控制行动计划，先从几个重点区域进行控制再逐步拓展到全国范围；转变经济发展方式，淘汰落后产能，提高大气环境准入门槛，促进工业部门实现清洁生产，逐步疏散复合型污染严重区域的重工业；加强对各类固定源、移动源及扬尘等污染的综合控制等。

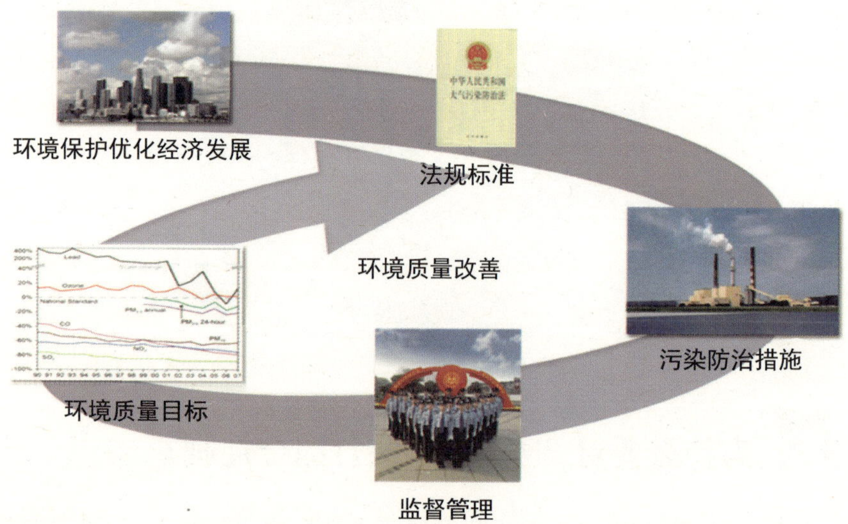

73. 为什么要开展区域大气污染联防联控？

近年来，粗放型的经济增长方式带来的区域性大气污染问题日

益突出，大气环境问题在很多城市群地区表现出显著的区域性，最为突出的问题就是细颗粒物污染。城市间大气污染是相互影响的，形成 $PM_{2.5}$ 的污染物是可以跨越城市甚至省际的行政边界远距离输送的，所以仅从行政区划的角度考虑单个城市大气污染防治已难以解决大气污染问题。因此，开展城市之间甚至省际之间的区域大气污染联防联控是解决区域大气污染问题的有效手段。国内外在这方面已积累了成功经验。在北京奥运会期间，北京及周边 6 省区市积极探索区域大气污染联防联控管理机制，圆满完成了北京奥运会空气质量保障工作，为解决区域大气污染问题奠定了坚实的基础。美国在 2003 年以前已经面临较为严重的地面臭氧污染，这促使美国政府重新审视区域大气污染管理的重要性，并促成了州实施计划（SIP）的制定和实施。欧洲区域大气污染管理方面的经验则相对成熟，欧盟自 1979 年以来签署的一系列远距离大气污染公约对有效控制欧洲大陆总体环境空气质量起到了关键作用。

74. 为什么 $PM_{2.5}$ 控制要进行多污染物协同控制？

$PM_{2.5}$ 来源十分复杂，既有燃煤、机动车、扬尘等直接排放的细颗粒物，也有空气中二氧化硫、氮氧化物和挥发性有机物经过复杂的化学反应转化生成的二次细颗粒物。可以说，$PM_{2.5}$ 污染是我国当前环境形势呈结构型、复合型、压缩型特征的最具代表性的问题。大气复合污染是多污染物所形成的一种污染，存在多种污染物的相互作用、多种过程的耦合，各种污染问题相互关联。因此，单一污染物的控制不能有效改善城市群的污染状况，应在多污染物协同控制的策略下，对各种相关的污染问题进行整体考虑，以有效控制 $PM_{2.5}$ 的污染问题，整体改善我国大气环境空气质量。

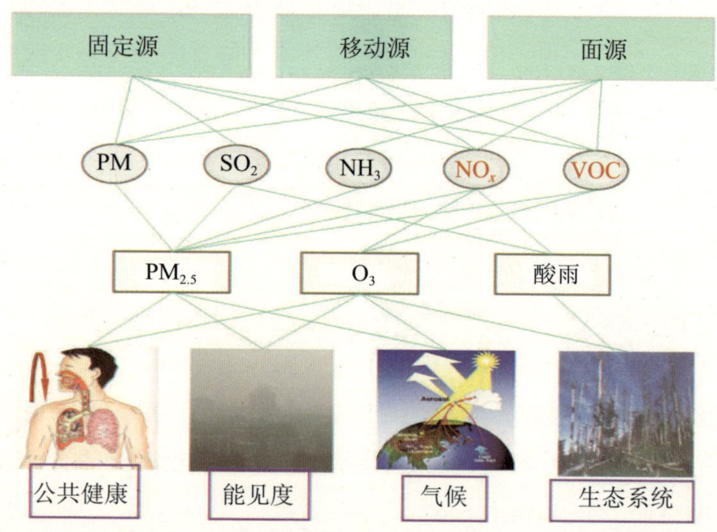

控制 $PM_{2.5}$ 需要对多种污染物和污染源联合控制

75. 主要工业行业大气污染物排放标准有哪些？

目前，除《大气污染物综合排放标准》（GB 16279—1996）外，针对我国主要大气污染源，还制定了火电厂、水泥、钢铁烧结、炼钢、轧钢、工业锅炉、工业炉窑、炼焦化学、稀土工业、铝工业、铜镍钴工业、镁钛工业、橡胶制品工业、硫酸工业、硝酸工业、陶瓷工业、合成革与人造革、平板玻璃、储油库、加油站、饮食业油烟等 30 余项工业行业大气污染物排放标准。

近年来，大气污染排放标准制修订的进程不断加快，其他非燃煤污染源（如石油炼制工业）大气污染物的排放标准正在制订中；《大气污染物综合排放标准》、《水泥工业大气污染物排放标准》、《锅炉大气污染物排放标准》等几项标准正在修订中。在标准的制修订过程中，污染物排放限值也在不断加严，例如，2011 年修订实施的《火电厂污染物排放标准》成为全球最严的排放标准，新建电厂颗粒物排放标准从 1996 年的 150 mg/m^3 降低到 2003 年的 50 mg/m^3，2011 年又进一步加严到 30 mg/m^3，重点地区的特别排放限值为 20 mg/m^3；二氧化硫从 1996 年的 1 200 mg/m^3 降低到 2003 年的 400 mg/m^3，2011 年又进一步加严到 100 mg/m^3，重点地区的特别排放限值为 50mg/m^3；氮氧化物从 1996 年的 650 mg/m^3 降低到 2003 年的 450 mg/m^3，2011 年又进一步加严到 100 mg/m^3，重点地区的特别排放限值为 100 mg/m^3。

76. 我国机动车污染物排放标准经历了哪些变化？

由于新生产车和在用车在排放管理中具有不同的特点和方法，其排放标准分为新车型式核准和在用车监管标准两大类。

我国从 20 世纪 80 年代开始对机动车排放实施监督管理，2000 年开始实施国家第一阶段（简称国Ⅰ）汽车排放标准，之后又陆续颁布实施国Ⅱ、国Ⅲ、国Ⅳ标准，都是针对新生产轻型汽车的排放控制标准，它详细规定了新生产的轻型汽车气态污染物（一氧化碳、碳氢化合物和氮氧化物）和颗粒物的排放限值，以及配套的检测方法、燃料要求和申报程序等。我国于 2008 年已经开始实施新生产汽油车国Ⅳ标准，并将很快发布国Ⅴ标准。新标准将加严各类污染物的排放限值，进一步降低汽车排放污染。对于新生产的重型汽车（如载重卡车、大型客车等），我国已经全面实施了国Ⅲ标准，计划于 2013 年 7 月 1 日开始实施国Ⅳ标准。除了汽车排放标准之外，还有摩托车、低速货车、工程机械等排放标准。

对于在用汽车，我国主要的环保管理方法是进行定期检验（也称年检），年检过程中发现不合格的车辆，必须进行维修。在用汽车排放标准规定了正在使用过程中的汽油车和柴油车的排放限值和检测方法。

阶段	第一类轻型汽车排放限值 /（g/ km）							
	一氧化碳（CO）		碳氢化合物（HC）		氮氧化物（NO_x）		HC+NO_x	
国Ⅰ	2.72	—					0.97	—
国Ⅱ	2.2	19.1%					0.5	48.5%
国Ⅲ	2.3	15.4%	0.2	—	0.15	—	0.35	63.9%
国Ⅳ	1	63.2%	0.1	50.0%	0.08	46.7%	0.18	81.4%

阶段	柴油车排放限值 /（ g/ km）							
	一氧化碳（CO）		HC+NO_x		氮氧化物（NO_x）		PM	
国Ⅰ	2.72	—	0.97	—	0.86	—	0.14	—
国Ⅱ	1	63.2%	0.7	27.8%	0.62	27.9%	0.08	42.9%
国Ⅲ	0.64	76.5%	0.56	42.3%	0.5	41.9%	0.05	64.3%
国Ⅳ	0.5	81.6%	0.3	69.1%	0.25	70.9%	0.025	82.1%

阶段	重型汽车排放限值 /（g/km）							
	一氧化碳（CO）		碳氢化合物（HC）		氮氧化物（NO_x）		PM	
国Ⅰ	4.5	—	1.1	—	8	—	0.36	—
国Ⅱ	4	11.1%	1.1	0.0%	7	12.5%	0.15	58.3%
国Ⅲ	2.1	53.3%	0.66	40.0%	5	37.5%	0.1	72.2%
国Ⅳ	1.5	66.7%	0.46	58.2%	3.5	56.3%	0.02	94.4%
国Ⅴ	1.5	66.7%	0.46	58.2%	2	75.0%	0.02	94.4%
EEV	1.5	66.7%	0.25	77.3%	2	75.0%	0.02	94.4%

新生产轻型汽、柴油车的国Ⅰ、国Ⅱ、国Ⅲ与国Ⅳ标准排放限值对比

77. 汽、柴油有毒有害物质控制标准对汽、柴油品质有什么规定？

机动车排放与车用油品质密切相关，如果不能保证油品质量，汽车排放污染就会增加。2011 年国家发布实施了《车用汽油有害物质控制标准（第四、五阶段）》（GWKB 1.1—2011）和《车用柴油有害物质控制标准（第四、五阶段）》（GWKB 1.2—2011）。这两项重要标准规定了实施国Ⅳ、国Ⅴ汽车排放标准时，车用油品中有害物质的最高含量和相应的环保指标。

车用汽油有害物质控制标准主要规定了硫、铅、铁、锰、铜、磷、烯烃、芳烃、甲醇等有害物质的含量。为了降低汽油蒸发所造成的污染，按不同气候特点分别规定了汽油蒸气压的上限。广东、广西和海南地区全年温度都比较高，全年对蒸气压控制都比较严格，其他地区按冬季、夏季两个季节控制汽油蒸气压。该标准还规定了车用汽油清净性的限值和试验方法。清净性指汽油能够保持发动机清洁、减少积碳的能力，清净性好的汽油有助于汽车节能与减排。

车用柴油有害物质控制标准规定了硫、多环芳烃等有害物质最高含量和柴油清净性要求。柴油机喷嘴如果发生堵塞，排放的颗粒物会大幅度增加，油耗也会增加。在柴油中添加清净剂，可提高柴油清净性，有利于节能减排。

车用汽油、车用柴油的国家和地方标准，都应按照车用汽油、柴油有害物质控制标准的要求，降低有害物质含量，保证清净性等环保指标。机动车排放标准与燃油品质标准应配套执行，以保证污染控制达到预期效果。如果燃油标准滞后于机动车排放标准，则机动车排放标准的执行效果将会大打折扣，失去应有的意义，并造成一定的浪费。

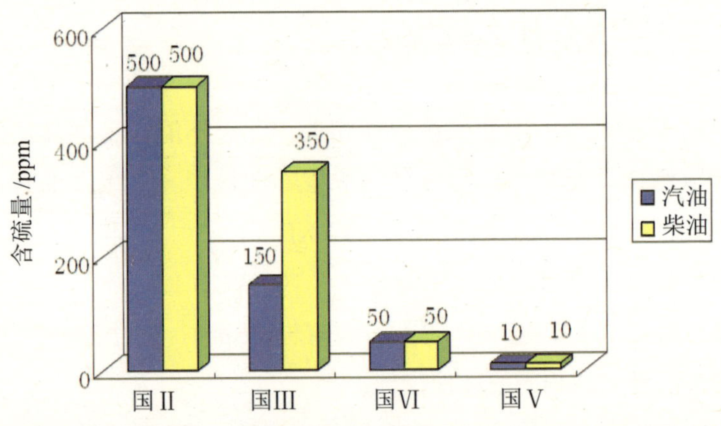

不同排放标准对应的燃油含硫量限值

78. 如何通过经济发展模式转变和产业结构调整来改善大气环境质量？

粗放型经济增长模式和以高能耗、高污染为特征的工业结构导

致经济效益低下、资源浪费严重、污染物排放大、生态环境问题突出。推进产业结构调整和经济发展模式转变是减少各种大气污染物排放的根本措施，可从源头上降低颗粒物、二氧化硫、氮氧化物、挥发性有机物等大气污染物排放，从而减少 $PM_{2.5}$ 的生成。

我国政府为建设美丽中国，面对能源安全、生态环境、能源供给、环境污染以及温室气体排放控制等多重挑战，要从根本上解决雾霾天气问题，应更加注重经济增长方式的转变和经济结构的调整，将降低资源和能源消耗、推进清洁生产、防治工业污染作为中国产业政策的重要组成部分。通过实施一系列产业政策，加快第三产业发展，调整第二产业内部结构，促进电信、旅游、金融等行业发展，尽快提升机械、信息、电子等行业的比重，实现环境和经济的协调发展。

79. 能源结构调整对改善大气环境质量的作用有哪些？

2010 年，我国一次能源生产总量为 29.7 亿 t 标准煤，其中煤炭消费 33.8 亿 t，原油消费 2.0 亿 t，天然气消费 948 亿 m^3，非化石能源消费 2.8 亿 t 标准煤。在一定时期内我国以煤为主的能源结构将不会发生根本性变化。2010 年，我国电力装机规模为 9.7 亿 kWh（千瓦时），其中火电约占 73%，水电占 22.6%，风电、核电和太阳能发电所占比例较小，如下图所示。

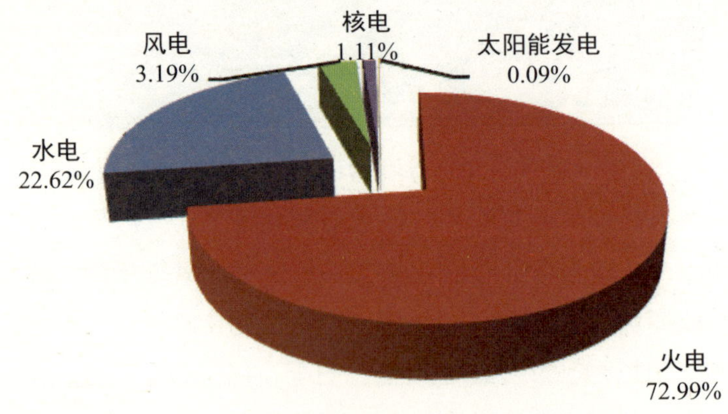

2010 年我国火电、水电、风电、核电和太阳能发电比例

污染控制水平较高的火电所消费煤炭约占煤炭总量的 1/2。煤炭消费是造成我国大气污染的最主要排放源。为此，通过能源结构的调整和优化，建立清洁、高效、有利于环保的能源结构是当务之急。应积极有序发展水电，安全高效发展核电，加快发展风能、太阳能等可再生能源。水电、核电、风能和太阳能是清洁能源，能实现 $PM_{2.5}$ 的零排放。应推进煤炭洗选和深加工升级示范，集约化发展炼油加工产业，有序发展天然气发电。应推动能源供应方式变革，大力发展分布式能源，推进智能电网建设。加强新能源汽车供能设施建设。减少煤炭在一次能源消费中的比重，并对煤炭进行清洁高效利用，是有效控制 $PM_{2.5}$ 排放、改善大气环境质量的重大举措。

五是对环卫人员加强管理，责任到人，清除垃圾不遗漏；严格管理程序，垃圾定点集中，统一运送，杜绝乱堆滥放、随意处置；监管要到位，定时巡查，随时抽检，重点防范。

84. 机动车排放控制的管理措施有哪些？

我国在机动车排放控制方面的管理措施主要包括三个方面：新机动车型式核准制度、在用机动车检查 / 维护制度和燃油品质管理制度。

新生产机动车的型式核准制度就是车辆生产企业首先要将待定型车辆送交国家环保管理部门认可的检测机构进行排放测试。如果测试结果符合排放标准要求，经相关部门进行型式核准和备案后，该车型方可进行生产，并要接受相关部门对新车生产一致性和在用车符合性进行的检查。该制度旨在防止排放不合格的车辆流向市场，减小污染物排放，同时也能保护广大消费者的合法权益。

在用车检查 / 维护制度是指消费者已经购买并正在使用的机动车须定期接受排放检测和维护保养。如果检测结果达不到在用车排放标准要求，则必须进行相应的维修，直到重新检测合格后才能正常使用。通过检查和维护可以发现机动车使用中出现的污染物排放超标故障，并在维修保养后恢复其正常性能。我国在用车排放管理中还执行了机动车环境标志制度，对于污染物排放量较低的车辆发放绿色环境标志，对于车龄较长、污染物排放量较高的车辆发放黄色标志，并适当限制其使用范围。另外，管理部门还会通过鼓励“以旧换新”和“强制淘汰”的措施加快削减黄标车保有量，以有效减少汽车污染物排放总量。

燃油品质是影响机动车排放的重要因素，我国颁布实施了燃油质量国家标准、行业标准和地方标准，以规范燃油的生产、销售和使用。车用汽、柴油有害物质控制标准的实施，可促进车辆污染物排放的全面降低。

<table>
<tr><th colspan="2">年份
车型</th><th colspan="2">2006</th><th colspan="2">2007</th><th colspan="2">2008</th><th colspan="2">2009</th><th colspan="2">2010</th><th colspan="2">2011</th></tr>
<tr><td rowspan="3">轻型汽车</td><td>压燃式</td><td colspan="5">国Ⅱ</td><td colspan="7">国Ⅲ</td></tr>
<tr><td>点燃式</td><td colspan="5">国Ⅱ</td><td colspan="6">国Ⅲ</td><td colspan="1">国Ⅳ</td></tr>
<tr><td>气体点燃式</td><td colspan="5">国Ⅱ</td><td colspan="6">国Ⅲ</td><td colspan="1">国Ⅳ</td></tr>
<tr><td rowspan="3">重型汽车</td><td>压燃式</td><td colspan="5">国Ⅱ</td><td colspan="7">国Ⅲ</td></tr>
<tr><td>点燃式</td><td colspan="9">国Ⅱ</td><td colspan="3">国Ⅲ</td></tr>
<tr><td>气体点燃式</td><td colspan="5">国Ⅱ</td><td colspan="5">国Ⅲ</td><td colspan="2">国Ⅳ</td></tr>
<tr><td rowspan="2">摩托车</td><td>两轮和轻便摩托车</td><td colspan="9">国Ⅱ</td><td colspan="3">国Ⅲ</td></tr>
<tr><td>三轮摩托车</td><td colspan="11">国Ⅱ</td><td colspan="1">国Ⅲ</td></tr>
<tr><td colspan="2">低速汽车</td><td colspan="2">无控制要求</td><td colspan="2">国Ⅰ</td><td colspan="8">国Ⅱ</td></tr>
<tr><td colspan="2">非道路移动机械用柴油机</td><td colspan="4">无控制要求</td><td colspan="5">国Ⅰ</td><td colspan="3">国Ⅱ</td></tr>
<tr><td colspan="2">非道路移动机械小型点燃式发动机</td><td colspan="11">无控制要求</td><td colspan="1">国Ⅰ</td></tr>
</table>

全国机动车排放标准实施进度

85. 控制机动车排放的技术措施主要有哪些？

控制机动车污染有多种技术措施，主要集中在三个方面：提高燃油品质、采用先进发动机技术和排气后处理技术。

提高燃油品质主要是指降低燃油中有害物质的含量，优化燃油组分和提高燃油清净性，以减少机动车污染物的排放量。

先进发动机技术是指提高发动机的设计和制造水平，应用多气门技术、高压共轨技术、涡轮增压技术、缸内喷射技术、废气再循环技术等，通过采用这些先进技术以降低机动车污染物的排放量。

排气后处理技术对于汽油车和柴油车有不同的技术方案。汽油车排气污染以气态成分为主，颗粒物较少，通常采用三效催化剂进行净化，可以同时处理一氧化碳、碳氢化合物和氮氧化物三种污染物，将其转化为二氧化碳、水和氮气等无害成分。氧传感器对于汽油车排气净化具有重要作用，其性能下降时不但影响三效催化剂的运行效果，也会造成油耗的升高。柴油车排气中碳氢化合物和一氧化碳比汽油车低，氮氧化物和颗粒物排放量高。柴油车的排气净化技术主要包括氧化催化器（DOC）、颗粒物过滤器（DPF）和选择性催化还原器（SCR）等。氧化催化器主要是通过氧化方法净化一氧化碳和碳氢化合物，也可以消除少量的颗粒物。颗粒物过滤器通过过滤的方法净化颗粒物。选择性催化还原器主要用来净化氮氧化物，在排气中需加入特定物质（通常是尿素）将氮氧化物转化为氮气。此外，机动车排放控制中还广泛采用了 OBD（车载诊断）技术，它可以采集车辆与排放相关的各类信息，综合分析后判定影响排放性能的故障，以警示信号提醒车主进行维护或检修。

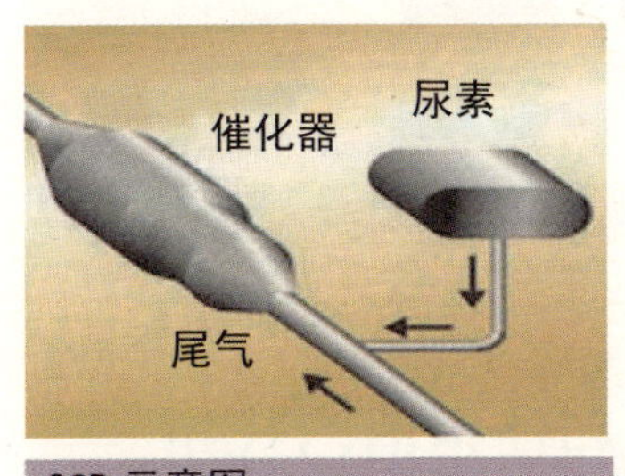

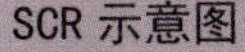
SCR 示意图

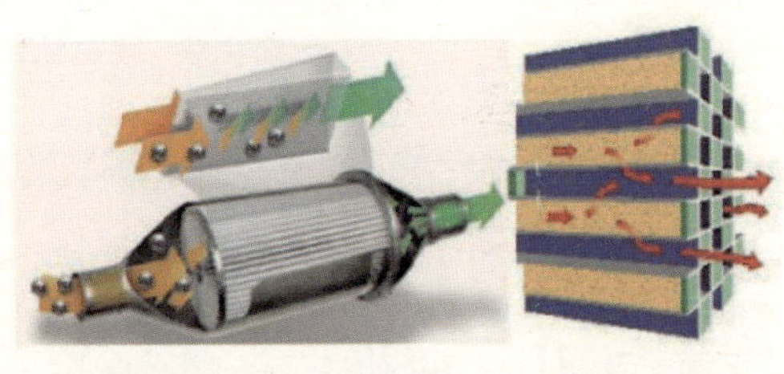
DPF 示意图

86. 为什么应该大力发展城市公共交通？

无论汽油车还是柴油车，在使用过程中，都会产生 $PM_{2.5}$。由于小汽车运输效率低，单位运输人数和单位行驶里程所消耗的燃油多，排放的污染物必然多。加之目前交通拥堵严重，汽车行驶速度低、频繁加速减速，所排放的污染物更多。城市公共交通和轨道交通运输效率高，单位运输人数所排放的污染物少得多。从改善交通、减少污染需求来看，大力发展公共交通特别是轨道交通，是目前城市发展最好的出路。坚持绿色出行，尽量少开车，选用公共交通，不仅可以缓解城市交通压力，降低出行能耗，也能缓解因交通拥堵带来的空气污染。

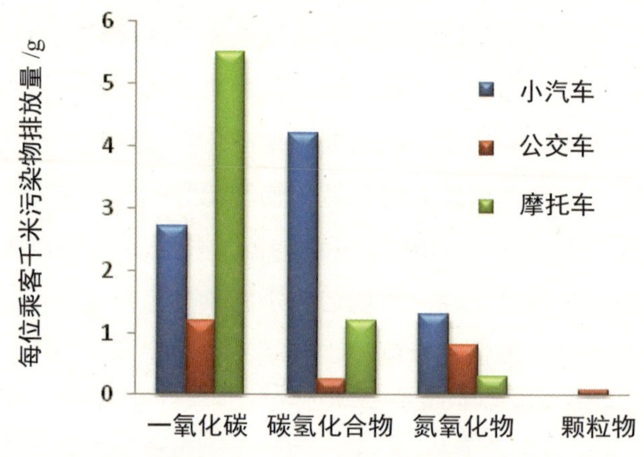

小汽车出行与公交车出行的单位污染物排放量对比图

87. 为什么要推广新能源汽车和使用清洁代用燃料？

从降低交通工具自身污染排放角度考虑，享受汽车文明和优良城市空气的“鱼和熊掌兼得”的办法之一，就是推广使用新能源汽车与清洁代用燃料等。推广新能源汽车可以有效降低汽车燃料消耗量，缓解燃油供求矛盾，减少排放。

88. 工业 VOCs 控制措施和技术方法有哪些？

由于 VOCs 的种类繁多、性质各异，所涉及的污染行业、工艺过程众多，污染气体的排放情况差异很大，决定了单一的治理技术不可能满足所有排放废气的治理要求。

VOCs 污染控制主要分为源头控制和末端治理两大类。源头控制技术主要包括：改进生产工艺；使用无毒低毒的原材料；推广使用水性涂料及低有机溶剂的涂料；加强生产管理，减少生产过程中的跑冒滴漏等。

末端治理技术可分为回收和销毁两大类，对于高浓度 VOCs 废气，宜首先采用冷凝回收、吸收吸附回收等技术对废气中的 VOCs 回收利用，辅之以其他治理技术实现达标排放。对于中等浓度 VOCs 废气，宜采用吸附技术回收有机溶剂，或采用催化燃烧和热力焚烧技术净化后达标排放。对于低浓度 VOCs 废气，有回收价值时，宜采用吸附技术对有机溶剂回收后达标排放；无回收价值时，宜采用吸附浓缩燃烧技术、生物技术或等离子体技术等净化后达标排放。目前常用的 VOCs 治理技术及应用范围参见下表。

常用 VOCs 治理技术及应用范围

治理技术	应用范围
吸附回收	浓度较高、组分简单并且具有回收价值的 VOCs 治理，如涉及有机溶剂生产和使用的相关行业以及加油站油气回收
催化燃烧	风量较小、浓度适中、排放稳定的 VOCs 治理，如漆包线、汽车、家电、设备制造的喷涂与烘烤漆工艺
吸附浓缩 - 催化燃烧	大风量、低浓度或 VOCs 排放浓度波动大的 VOCs 治理，如喷涂或印刷等行业
蓄热燃烧	高浓度、排放稳定、成分复杂或组分可使催化剂中毒的 VOCs 治理，如橡胶生产行业
生物净化	小风量、低浓度或有异味的 VOCs 治理，如污水、堆肥等处理

加油站油气回收净化装置

89. 餐饮业污染控制措施有哪些？

随着我国城市工业布局、产业结构的调整，一些大中城市中的生活污染上升为重要污染源，其中餐饮业的油烟污染成为城市大气环境污染中细颗粒物的重要来源之一。作为新出现的污染类型，餐饮业油烟污染也是近年来公众投诉的热点。因此应对餐饮业的大气污染进行控制，主要措施有：

一是政府要对辖区建成区内餐饮服务企业的发展统一规划，合理布局。

二是餐饮服务企业必须按照城市规划使用液化气、电或其他清洁能源，不准使用燃煤炉灶和煤制品。

三是产生油烟的餐饮服务企业都必须安装油烟气净化装置，做到达标排放；推广使用带有 VOCs 净化功能的油烟净化器；推广使用前端安装的具有油雾回收功能的高效油烟净化设施；严禁不安装油烟处理装置的无组织排放行为。

四是餐饮服务企业应合理设置油烟排放口位置，远离居民住宅等环境敏感保护目标。

五是在不利气象条件下，餐饮企业应减少煎炒烧烤操作，推广使用蒸煮菜谱，减少油烟排放。

六是营业性露天烧烤要安装油烟净化装置。

七是环保、工商、规划、税务、城建等多部门应相互配合，共同加强日常管理，建立良好的市场秩序。餐饮服务企业办理工商执照时应坚持实行环保第一审批权。

90. 重污染天气条件下可采取哪些应急措施？

各级人民政府要建立不利气象条件下的空气污染预警和预报制度，制定空气重污染应急预案。在保障城市正常运行的前提下，可实施以下应急减排措施：

一是冶金、建材、化工、有色金属等行业的重点排污单位通过降低生产负荷、提高污染防治设施运行效率、停工减产等方式减少污染物排放总量。

二是加大对燃煤锅炉、工业企业等重点大气污染源的执法检查频次，确保其污染防治设施高效运。

三是施工工地停止土石方作业，停止建筑拆除工程等。

四是限行部分机动车，如停驶黄标车、一定比例的公务用车、车龄较长的出租车等。

PM2.5 WURAN FANGZHI ZHISHI WENDA

PM2.5 污染防治知识问答

第六部分

社会责任与公众参与

91. 防治大气雾霾污染跟我有关吗?

雾霾形成原因很复杂，但可以肯定的是，它与人类活动息息相关，防治雾霾，人人有责。雾霾天气来临时，大家都会抱怨政府和企业没有搞好环保，污染治理不当，但很多人“打瓶酱油也开车”，不节约用电，这些行为都会导致污染物排放量增加，每个人因此也成为环境的加害者。人人是污染的受害者，也是污染的制造者，是时候直面污染严重的“现实”了。面对雾霾，抱怨、急躁是没有用的，我们每个人的微小行动都关乎环境质量的变化，每个人都应该树立环保的生活理念，从小事做起，少开一天车，少用一度电，节约一杯水，多种一棵树，在外餐饮后打包带走剩余食物……这些小小的行为聚合起来，将节省多少资源，减排多少废物!

节约一度电，减排作贡献！

92. 政府决策者应建立什么样的社会经济发展理念？

贯彻落实科学发展观，加强生态文明建设，共建美丽中国，摒弃经济发展第一，从单纯追求 GDP 增长速度转到环境保护优化经济发展，注重产业布局和优化升级，加快能源结构调整，保障环境民生；在城市建设与产业发展中，要正确处理好经济发展与节约资源和保护环境的关系，把环境容量和资源承载力作为约束条件，坚持在发展中保护，在保护中发展；决策者应带头遵守国家环境法律法规和标准。

93. 企业家应如何带头履行社会责任？

首先，企业家（企业）应该提升对环境保护的认识，应该将保护环境作为企业的社会责任根植于企业文化中；其次，企业家要认识到保护环境不是“各自打扫门前雪”那么简单，而是全社会的共同事业，需要共同努力，要在做好自身环境保护工作的前提下，督促上下游企业履行保护环境责任；再次，企业家必须在日常生产中严格遵守国家的相关法律法规，履行作为公民的基本职责，按照相应的规定建设污染治理设备，做到连续稳定达标排放；最后，企业家也要积极寻求转型，加大绿色环保型产品研发投入，从生产工艺入手实施节能技术改造和以清洁生产、循环经济为重点的全过程治理，实现环境社会效益与经济效益双赢，履行企业环境责任。

94. 公众如何履行环境责任？

我们在享受社会进步带来福祉的同时，也要尽自己的能力，履行作为一个社会人应尽的环境责任。在生活中，我们要从自身做起，从身边小事做起，倡导绿色低碳的生活方式。在工作中，一方面要积极践行绿色生产，严格按照国家的标准和规定要求进行生产，坚决抵制和杜绝不环保行为，敢于向违法排污和资源浪费行为说“不”；另一方面，要积极参与环境影响评价等公众参与环节，合法有序地表达对有关规划和建设项目的意见和建议，推进决策科学化、民主化进程。

95. 霾天气可以预报吗？

霾天气是可以预报的，但要做到精准预报霾天气仍有许多困难。这是因为：霾和雾一样，主要发生在近地层，下垫面条件非常复杂，影响因素众多，精准预报存在较大难度；天气预报是以数据为基础的，数据主要来源于高空，这必然会影响霾的预报准确率；在霾的预报中，对于水汽凝结的临界点很难把握，因为临界点的变化常常是在误差范围以内的。另外，气溶胶的化学组成非常复杂，粒径分布不同，模拟起来比较困难，而且对计算机的运算和储存能力要求相当高，这增加了对霾精准预报的难度。

96. 减排 $PM_{2.5}$，我能做什么？

在 $PM_{2.5}$ 减排过程中，我们每一个人应该而且也是可以有所作为的。比如，积极倡导低碳、绿色的出行方式，尽量选择乘坐公交车、骑自行车或者步行；积极参与全民绿化植树活动，减少土地沙化而造成的扬尘；每个人都应当从日常生活的衣、食、住、行做起，绿色、

理性消费；日常生活中尽量节约能源，也能在一定程度上降低对空气的污染，减少 $PM_{2.5}$ 的排放。比如空调设置夏季不低于 26℃；购买节能冰箱等高效低能耗电器；使用节能灯，做到人走灯灭；电器不要待机，随时关紧电冰箱的门等。又如，对一些与现代文明相背离且对广大人民群众健康有害的传统文化习俗，诸如过量燃放烟花爆竹，采取一些节制的态度；再如，农民朋友在收获季节，不要到处焚烧秸秆；诸如此类的问题，需要你我的身体力行。

97. 如何改变餐饮方式才能减少 $PM_{2.5}$ 的排放？

餐馆、家庭烹饪油炸时产生的油烟，会使 $PM_{2.5}$ 浓度瞬间提高。有志愿者做过实验，在未开窗和未开油烟机的条件下煎鱼，$PM_{2.5}$ 瞬间最高峰值浓度超标 58 倍！建议改变饮食习惯，减少煎炸等产生 $PM_{2.5}$ 的操作，增加蒸煮食品，外出到餐馆就餐，尽量选择清淡食物，不选择煎炸烧烤类食物，不铺张浪费；选择使用有高效净化功能的家用抽油烟机，同时注意保持良好的通风条件，以使高浓度的 $PM_{2.5}$ 快速扩散。

雾霾天宜清淡饮食

98. 雾霾天适于室外锻炼吗？

雾霾天不宜在室外从事锻炼活动。雾霾天空气中水分多，湿度大，影响污染物的扩散速度，使局部污染加重，污染物浓度高，对人体呼吸系统、心血管系统等都会产生显著的不良影响。例如，当气态污染物二氧化硫存在时，大气颗粒物上的某些金属可催化二氧化硫形成硫酸雾。硫酸雾对人体呼吸道的刺激作用是二氧化硫的10倍左右。因此，遇上雾霾天气，市民最好暂停户外锻炼，改在室内进行。

天晴了才是锻炼的好时机

讲卫生，洗白白

99. 雾霾天需要戴口罩吗？

雾霾天 $PM_{2.5}$ 浓度很高，戴口罩对减少 $PM_{2.5}$ 暴露有效。当然，不同类型口罩对 $PM_{2.5}$ 的阻挡效果不同。总的来说，职业防尘口罩的效果要好于一般口罩。有研究显示，职业防尘口罩（如 N95、KN90）对柴油车尾气颗粒物 [均粒径

50nm（纳米），可代表 $PM_{2.5}$ 中粒径较小的部分] 的阻挡效率为 97% 以上；骑自行车专用口罩的阻挡效率为 55% ～ 85%；医用外科口罩的阻挡效率在 80% 左右；棉手帕或方巾的阻挡效率是 30% 左右。还有研究表明，在大气 $PM_{2.5}$ 污染水平较高时外出佩戴口罩，不仅可有效保护健康人群的心血管系统，还可防止心血管疾病患者症状的恶化或发作。要提醒的是，体弱人群，特别是心、肺疾病患者佩戴职业防尘口罩前应咨询大夫。纱布口罩可以反复使用，但必须消毒，N95 等一次性口罩最好不要反复使用，避免带来二次污染。

100. 公众使用的便携仪器测量的 $PM_{2.5}$ 数值是否可信？

目前公众使用的测量 $PM_{2.5}$ 的便携式仪器主要基于光散射原理，而光的散射与颗粒物浓度之间的定量关系是很不确定的，受到诸多因素的影响，例如颗粒物的化学组成、形状、比重、粒径分布以及环境条件等，需要仪器使用者不断地用标准方法进行校正。因此，国内外均没有把该类仪器作为 $PM_{2.5}$ 的标准监测仪器。目前，此类仪器主要用于环境中不同地点颗粒物浓度相对变化趋势的观测研究。

101. 家庭应该如何正确使用空气净化器？

开窗通风是改善室内空气质量的最佳方法！

当室外空气质量较差时，使用室内空气净化器是一种降低室内污染物浓度、提高室内空气质量、增进居室健康舒适的方法。由于市场上空气净化器种类繁多，性能参差不齐，在购买和使用空气净化器时，应特别注意以下几点：一是注意区分净化器的种类及功效。不同品牌型号的空气净化器其侧重的功能不同，应根据不同目标污染物选择净化效率较高、净化空气量较大的产品。例如选择用于过滤室内 $PM_{2.5}$ 的净化器时，宜选择带有 HEPA 滤网（高效微粒空气过滤膜）的多功能复合型产品。二是重视净化器是否会产生有害副产物。有些空气净化器单一采用紫外光、静电和等离子体放电、臭氧净化等方式，可能会与空气中的有机化合物发生反应，产生小分子的有害物质或臭氧，造成健康危害。三是按说明书定期维护和更换过滤及吸附材料。

102. 如何查询 $PM_{2.5}$ 实时浓度？

全国城市空气质量实时发布平台：目前，已实时发布 74 个城市、496 个监测点位的二氧化硫、二氧化氮、可吸入颗粒物（PM_{10}）、臭氧、一氧化碳和细颗粒物（$PM_{2.5}$）6 项基本项目的实时监测数据和 AQI 指数等信息。

平台地址：http://113.108.142.147:20035/emcpublish/

其他一些城市的环保部门也开通了空气质量查询系统，公众可实时查询当地空气质量信息。如北京市环保局发布的“北京空气质量”手机客户端，市民可通过苹果或安卓手机，在相应 App Store 里下载

名为“北京空气质量”软件，也可登录北京市环境保护监测中心下载页面http://www.bjmemc.com.cn/g378.aspx，通过二维码或者电脑下载。查看全市35个监测站的实时数据，数据每小时更新一次。